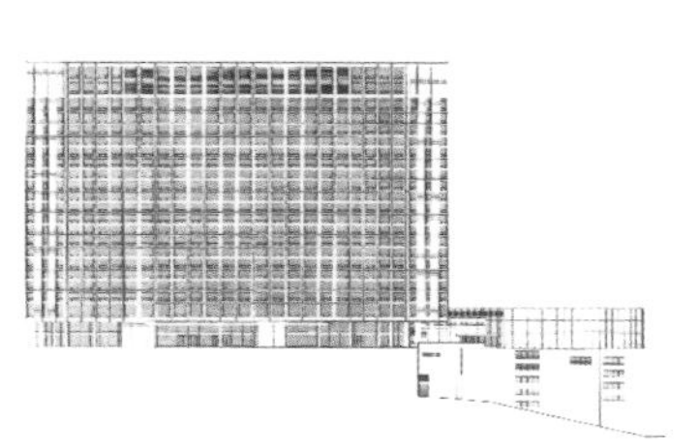

일러두기

- 호텔 명칭은 2023년 폐장 당시 '밀레니엄 서울 힐튼'이 정식 명칭이나
  이 책에서는 가독 편의를 위해 '힐튼 호텔'로 적었습니다.
- 3장 인터뷰이 중 힐튼 호텔 건축 관계자 및 근무자는 당시 소속을 제목에 적었습니다.
- 책에 수록한 많은 사진과 도면, 스케치, 서신 등 자료 출처는
  '국립현대미술관 미술연구센터 소장, 김종성 기증'입니다.
  판권에 해당 페이지를 밝혔습니다.

힐 튼 과 김 종 성

김종성, 정성갑 지음

b.read

책을 내며

"자전거 창고는 건물이다. 링컨 대성당은 건축물이다.
건축이란 용어는 심미적 목적을 위해 지은 구조에만 해당된다."

니콜라우스 펩스너(Nikolaus Pevsner)

20223년 봄 힐튼 호텔의 운명이 대단히 비관적으로 예견될 때에 나는 동원할 수 있는 모든 채널을 가동해서 힐튼 호텔에 새로운 생명을 불어넣는 여러 가지 대안을 홍보하면서 힐튼 호텔의 보존 캠페인을 벌이고 있었다. 이때에, 이 책의 싹이 텄다. <힐튼과 김종성> 출판에 즈음하여 저자는 이나래 발행인과 공동 저자인 정성갑 에디터의 노고에 깊은 감사의 뜻을 전한다.

이 책이 독자들 손에 놓일 때에는 힐튼 호텔의 향방이 정해졌겠지만, 이 책이 전달하고자 하는 메시지, '힐튼 호텔은 하나의 건축이고, 부동산에 지나지 않는 것이 아니다'는 것이 독자 개개인의 뇌리에 각인된다면 더 바랄 나위가 없겠다.

2024년 6월

뉴욕에서 김종성

"음, 어차피 사라지는데 무슨 의미가 있을까요?"

2022년 가을이었다. 이 책을 기획한 브레드 출판사의 이나래 대표가 책 작업을 함께 하자고 제안했을 때 나는 반신반의하며 확답을 하지 못했다. 당시 힐튼의 상황은 복잡한 시기를 지나 더 이상 되돌릴 수 없는 명확한 결론을 받아 쥔 상태였다. '12월 31일, 영업 종료'. 운영을 멈춘 곳을 애틋한 마음으로 들여다보고, 매만지는 게 무슨 의미가 있을까 싶었다.

마음을 바꾼 이유를 자문해 보건데, 존중과 애정 같은 것이었다. 호텔 매각 소식을 처음 들었던 2021년부터 호텔을 자주 찾았다. 아내와 데이트도 그곳에서 했고, 수영장을 좋아하는 아이들을 위해 바캉스를 갈 때도 기쁜 마음으로 힐튼을 선택했다. 아름답고 풍요로웠기 때문이다. 지하부터 2층까지 8m 높이로 뻥 뚫린 아트리움이 특히 눈부셨다. 천장을 향해 웅장하게 뻗어 있는 황동 기둥, 양쪽으로 갈라지며 지하까지 길게 이어지는 크림색 대리석 계단, 그 아래 조명을 받으며 반짝이는 원형 분수가 만들어내는 분위기를 느끼고 있으면 더없이 고급스럽고 아늑하며 평화로운 공간 속에 들어와 있는 것 같았다. 만약 한국에도 벨 에포크 같은 시절이 있다면 힐튼이 개관한 지 얼마 안 돼 곳곳에서 반짝반짝 빛이 나던 시절이 아닐까 생각했다. 객실에서 보내는 시간도 만족스러웠다. 왜인지 모르겠지만 늘 남산 쪽 뷰가 보이는 객실을 예약했고 방에 들어가면 창가에 둔 2인용 소파에 걸터앉아 밤낮으로 바깥 풍경을 구경했다. 남산 성곽과 그 일대가 모두 오르막길이라 버스도, 자동차도 천천히 올라가던 슬로우 모션의 풍경. 힐튼에서 내가 좋아라 했던 건 모든 것이 천천히 흘러가는 듯한 시간과 풍경의 기품이었다.

책 작업은 2022년 겨울부터 시작됐다. 이나래 대표가 뉴욕에 있는 김종성 건축가에게 연락을 했고 다음날 바로 오케이 사인이 났다. 김종성 건축가는 3~4달에 한 번씩 서울에 왔고 그가 들어왔다는 소식을 들으면 우리는 그가 머무는 공덕동 롯데시티 호텔로 달려가 짧게는 3시간, 길게는 4~5시간 동안 '그때 그 시절' 이야기를 흠뻑 빠져들다시피 하며 들었다. 김종성 건축가에게 듣는 호텔 이야기는 넷플릭스 시리즈로 만들어도 될 만큼 풍성하고 재미있었다. 경제 재건과 구도심 부흥이라는 시대적 사명까지 끼어든 호텔 이야기는 때로 정치 야사처럼 박진감이 넘쳤다. 힐튼은 두 개의 큰 꿈이 만나 완성한 역사적 걸작이었다. 두 개의 꿈을 꾼 당사자는 힐튼 호텔 최초의 주인이었던 대우의 고 김우중 회장과 그가 단칼에 낙점한 김종성 건축가. 힐튼의 존립에 관한 논의가 활발할 때 호텔은 대부분의 사람과 상관 없는 사치의 건물일 뿐이라는 이야기가 있었다. 나는 그렇게 생각하지 않는다. 많은 이들에게 한 번쯤의 기약이 되는 일상의 공공재라 여기고 그렇기 때문에 더 소중하게 관리되어야 한다고 생각한다.

책의 꼴을 잡으며 호텔의 설계에 참여했거나 호텔에서 근무한 사람들, 힐튼 호텔에 대해 들을 전문가도 수소문했다. 더 오롯하고 완전한 이야기를 하고 싶었기 때문이다. 그들을 만나며 김종성 건축가의 인간적인 면모도 알게 됐다.

오랜 취재와 편집 작업을 거쳐 드디어 책이 나온다. 다이버처럼 깊이 들어가 탐사하듯 취재했던 시절이 벅찬 기억으로 남아있다. 김종성 건축가와의 공저 작업도 평생의 추억으로 남을 거란 확신이 든다. 그가 설계하는 모던 건축처럼 군더더기가 없는 화법, 객실에 있다 내려오는데도 언제나 말끔하던 복장, '베리 베리 젠틀맨'이지만 목표하는 바가 있으면 끝까지 치열하게 매달려 최선의 결과물을 만들어내는 모습에서 일과 인생에 관한 진정한 어른의 태도를 배웠다.

책 작업을 시작했던 초반부에 그토록 찾고 싶었던 의미도 알 것 같다. '우리가 가졌던 최고의 클래식'이라고 할 만큼 기품 있고 아름다운 건축 유산의 마디마디를 나름 충실하게 이해했다는 것만으로 깊은 위안이 된다. 이렇게라도 기억하고 기록할 수 있어 다행이라는 생각도 크다. 초록으로 넘실대던 힐튼의 봄과 여름, 단풍 든 남산 속에 파묻혔던 힐튼의 가을, 그리고 겨울이면 약속처럼 움직였던 크리스마스 열차를 기억하는 모든 이들에게도 그 정도의 만족과 기쁨을 주는 책이 되었으면 좋겠다. 오늘은, 그것만으로 충분한 의미가 있다고 믿는다.

2024년 여름, 정성갑

목차

3장 현장 사람들이 기억하는 이야기

4장 힐튼 호텔을 바라보며

1장

힐튼 호텔의
장면들

우리 힘으로 지은 최초의 대형 호텔

1983년에 완공한 서울 힐튼 호텔은 우리 힘으로 지은 최초의 호텔이다. 당시 서울 시내에 있던 대형 호텔인 신라 호텔, 롯데 호텔, 프라자 호텔은 일본 건축가가, 하얏트 호텔은 미국에서 설계했다. 반면 힐튼 호텔은 우리나라 건축가와 국내 기업(동우개발 51%, 도요멘카 49% 합작 법인)이 주축이 되어 국제 수준의 기술로 우리가 완성했다. 건축의 완성도가 높았고, 이를 통해 우리나라의 건축 기술은 세계 수준과 견줄 수 있게 됐다. 힐튼 호텔은 또한 1980년대 우리나라 경제 발전의 상징이자 IMF 총회(1985), 남북 고위급 회담(1990) 등 국제적·역사적 행사가 열린 곳이기도 하다.

"박정희 대통령 시절, 그러니까 3공화국 때죠, 김우중 회장 아버지가 박 대통령 은사였는데 6·25전쟁 때 납치됐어요. 그래서 박통이 김우중을 도와주려고 했어요. 처음에는 스승의 아들이라 도움을 줬는데, 보니까 잘하거든. 그래서 중공업도 해라, 조선도 해라, 계속 시켰단 말이야. 당시에 지금의 서울스퀘어, 그 전 대우빌딩 자리에 교통센터를 짓다가 중단됐어요. 누군가 도쿄역 같은 걸 상상하며 계획했지 싶어요. 콘크리트 뼈대만 흉물스럽게 남아 있었는데, 박통이 김 사장(당시 직함)에게 그걸 완공해 사옥으로 쓰되 경사진 뒤쪽 부지는 호텔을 하라고 했던 모양이야. 내가 1978년 5월 한국에 와서 보니 대우빌딩이 완공된 상태였어요. 모르긴 몰라도 어디 관에 들어갈 때마다 호텔 건설의 압박을 받았겠지. 호텔이 경제성이 있는 사업은 아니니 아마 울며 겨자 먹기로 했을 거라 생각해요.

본래는 동우개발이 사우디아라비아의 아드난 카쇼기라는 전설적인, 좀 불량한 무기상과 파트너십을 맺고 호텔 브랜드는 하얏트를 끌어들여 시작했는데, 카쇼기란 사람은 투자를 하면 1배 반은 벌어야 되는 사람이라 고작해야 10% 이득이 나는 호텔 사업은 못마땅했던 거예요. 그러다 보니 진전이 없었지. 그래서 카쇼기와 맺은 파트너십을 해지하고 하얏트도 내보냈어요. 백방으로 알아보다가 일본의 도요멘카(동양면화)라는 탄탄한 종합상사를 파트너로 잡았어요. 지분은 우리 쪽이 높으니 결정권은 동우개발이 갖고. 당시 외국 자본이 들어온 만큼 물자를 수입할 수 있는 제도가 있어서 자재 수입이 수월했어요. 호텔 브랜드를 물색하다가 지금은 없어진 TWA(Trans World Airlines) 항공사가 대주주였던 힐튼 인터내셔널로 낙점했어요. 힐튼에 빈 출신 커트 스트랜드라는 전설적인 호텔 운영자와 아시아퍼시픽 총괄인 케네스 모스 부사장이 있었고, 서울을 직접 관할하는 도쿄 주재의 리처드 핸들 부사장이 수시로 와서 공사 과정을 검수해 일이 주먹구구식이 아니라 제대로 되었어요. 내가 그 전에 효성에서 호텔을 만들려고 건축 서적을 보며 면적 배분 등을 혼자 공부했는데, 힐튼 호텔 일을 시작하면서는 힐튼 인터내셔널에서 엄청 두꺼운 설계 지침서를 받아 참고했어요. 내가 연구한 것과 부합되는 것도 많았고, 또 새로운 것도 있었죠. 그렇게 글로벌 스탠더드의 호텔을 완성했습니다."

SEOUL HILTON INTERNATIONAL

Hilton International

SEOUL HILTON INTERNATIONAL

SEOUL, THE 1988 OLYMPIC HOST CITY, KOREA Opened Dec 7, 1983

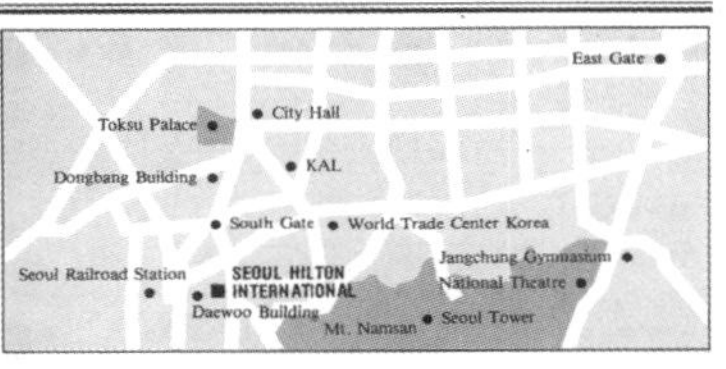

Address: C.P.O. Box 7692, Seoul 100-095, Korea.
395, 5-ka, Namdaemun-ro, Chung-gu, Seoul, Korea

Tel: 753-3788/7788
Facsimile: 754-2510, 753-2361
HRS Hot Line: 778-1351
Telex: K26695,K29674 KHILTON
Cable: HILTELS SEOUL

Location: Situated on four acres in the heart of the city's central business district and near the Great South Gate, the country's most important National Treasure. The hotel is adjacent to the Daewoo Centre and overlooks the heart of the city on one side and Mt. Namsan on the other. Itaewon, internationally popular shopping district, 5-min. by taxi.

TRANSPORTATION

	Distance in Kilometers	Time	Via
Kimpo Int'l Airport	15km (9.32 miles)	30 min 45 min	Taxi Bus
Bus Stop	N/A	5 min	walking
Seoul Railway Station	N/A	5 min	walking
Subway Station (Seoul, or Hoehyŏn)	N/A	5 min	walking

SPECIAL FEATURES

- Walking distance to business and entertainment area
- Extensive convention and banquet facilities including a Convention Centre, Korea's largest fully equipped convention hall
- Top Three Executive Floors feature special guestrooms with a lounge and concierge
- One floor is reserved for non-smokers
- Attractive Korean decor in rooms and public areas
- Multilingual staff
- Excellent restaurants and bars
- Indoor swimming pool with sun terrace in summer
- Athletic club with sauna, gymnasium, jogging track
- 15km away from Kimpo Int'l Airport

GUEST ROOM INFORMATION

NO. OF ROOMS: 705 **NO. OF FLOORS: 22**

Check-out Time: 12:00 Noon

Bedrooms:

King Size Bed	323
Twin Bed	313
Korean Style	3
Total Bedrooms	**639**
Parlours	**66**
Total Rooms	**705**

Suite Combination:

Corner Suite (one bedroom/parlour)	48
2 Bedroom Suite (two bedrooms/parlour)	15
Park Hill Suite (two, three or four bedrooms/parlour)	1
Vista Suite (two, three or four bedrooms/parlour)	1
Namdaemun Suite (three bedrooms/parlour)	1
Total Suites	**66**

GUEST ROOM FACILITIES

Views of the Great South Gate and Mt. Namsan
Windows that open
Executive writing desk
I.D.D. (International Direct Dial) telephone
Individual climate control and automatic humidifier
Taped music
Private bath (tub and shower) with complete quality toiletries
Shaver outlets
Electric Current 220 Volts 60 Cycles
Refrigerator with mini bar

GUEST SERVICES

Additional lines available through phone company
Bedboards
Concierge
Courier service
Doctor on call
Facsimile (24 hours)
Hairdryers
Ice cube machine on each floor
Interpreter (Business Centre)
Laundry/Valet same day return
Luggage storeroom
Mail and postage facilities
Message light
Nurse on call
Packaging service
Photostatic copy service (24 hours)
Safety deposit boxes (24 hours)
Secretarial service (Business Centre)
Shoeshine service
Shopping arcade
Shuttle bus service to the airport
Telex/Cable
Toiletries
Typewriters/Personal computer
Wheelchair

(Continued Page 4)

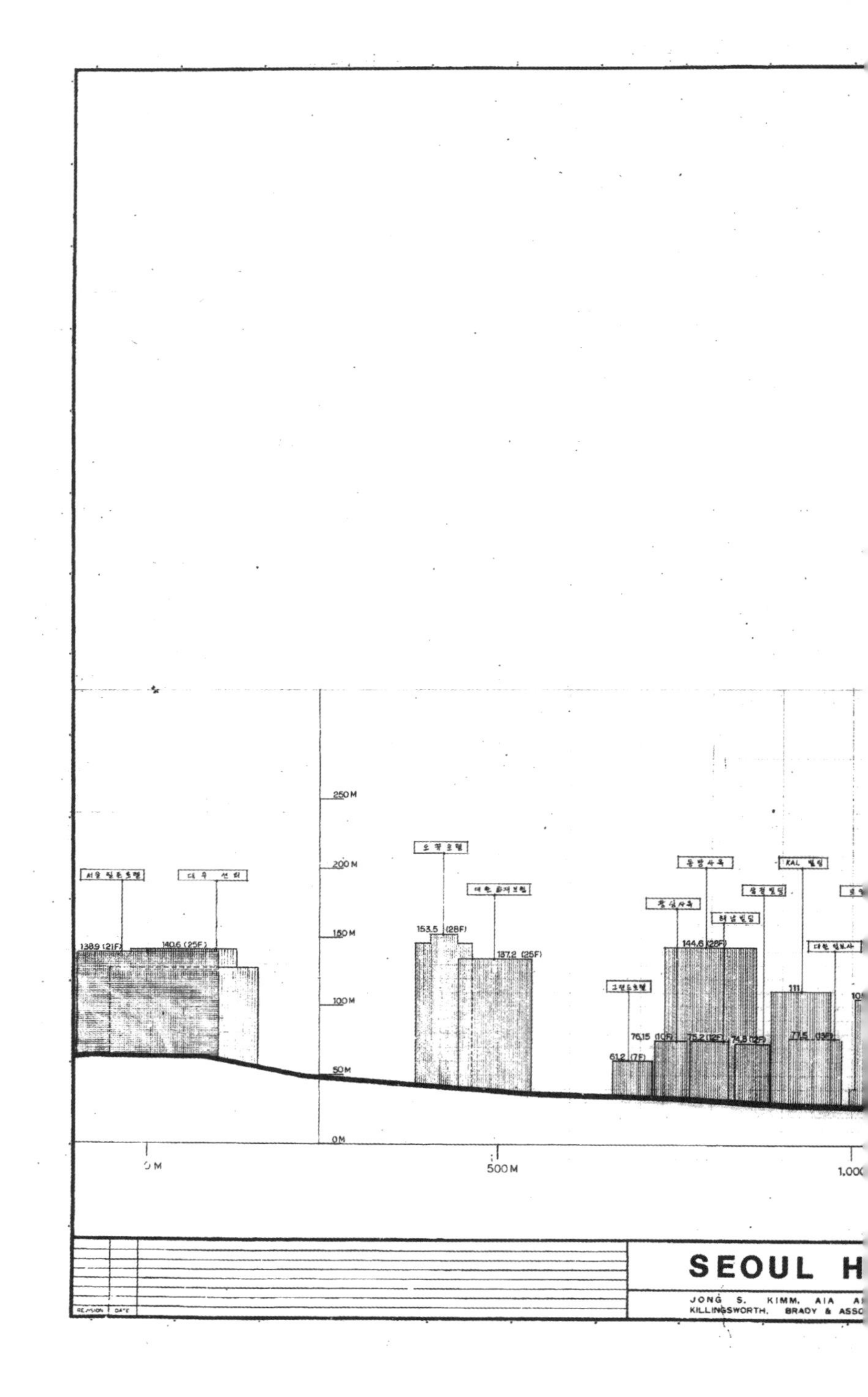
서울힐튼호텔
대우 센터
138.9 (21F)
140.6 (25F)
250M
200M
150M
100M
50M
0M
153.5 (28F)
137.2 (25F)
동방사옥
KAL 빌딩
그랜드호텔
대한일보사
144.6 (28F)
111
61.2 (7F)
76.15 (10F)
75.2 (12F)
74.8 (12F)
77.5 (13F)
0M
500M
1,000
SEOUL H
JONG S. KIMM, AIA
KILLINGSWORTH, BRADY & ASSO
REVISION
DATE

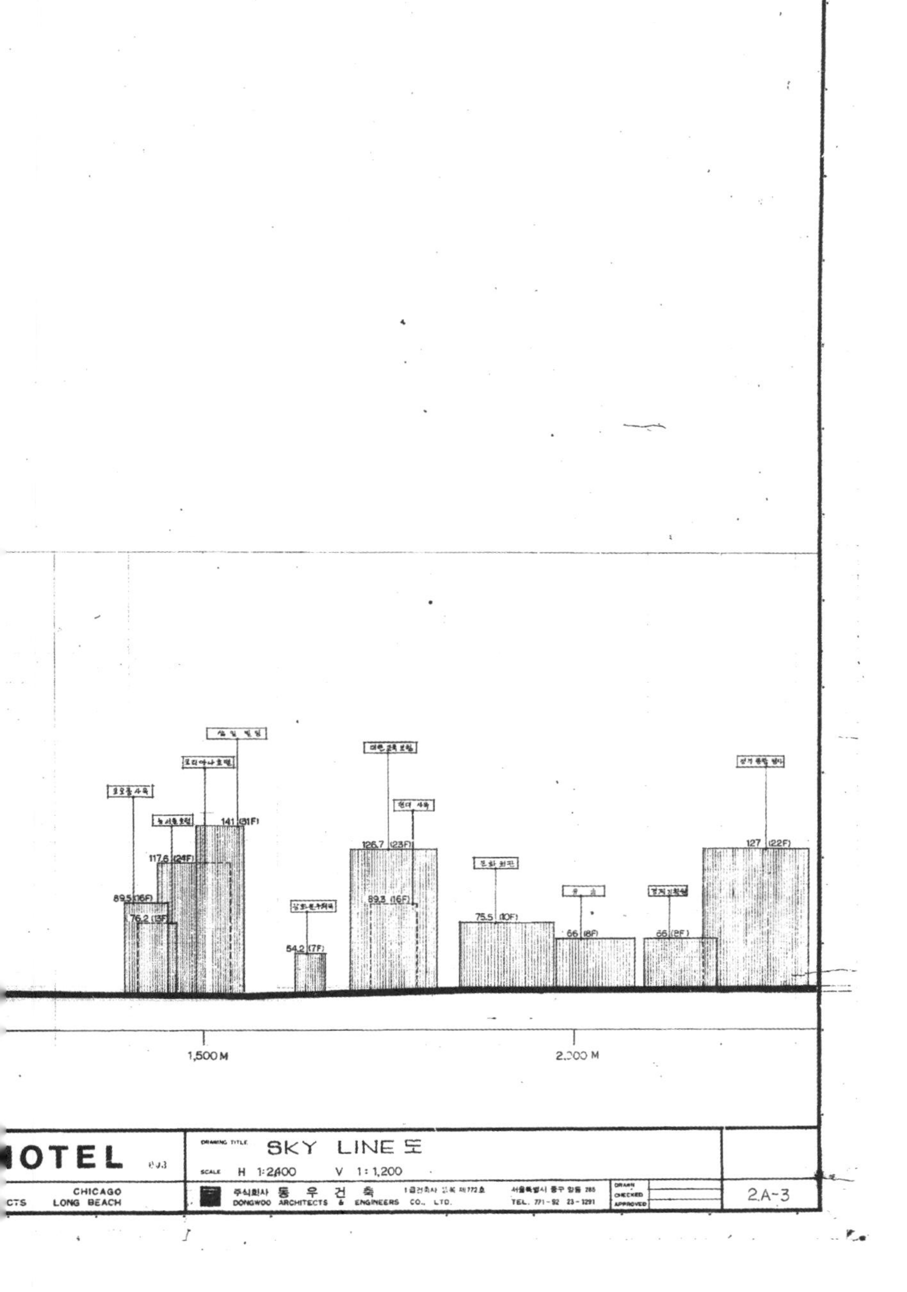

89.5 (16F)
76.2 (13F)
117.6 (24F)
141 (31F)
54.2 (7F)
126.7 (23F)
89.3 (16F)
75.5 (10F)
66 (8F)
66 (8F)
127 (22F)
1,500 M
2,000 M
OTEL
CHICAGO
CTS LONG BEACH
DRAWING TITLE SKY LINE 도
SCALE H 1:2400 V 1:1,200
주식회사 동 우 건 축
DONGWOO ARCHITECTS & ENGINEERS CO., LTD.
TEL. 771-92 23-1291
DRAWN
CHECKED
APPROVED
2.A-3

브론즈, 트래버틴,
녹색 대리석, 오크 패널

100년 후에도 질리지 않을 클래식. 김종성 건축가가 힐튼 호텔을 지으면서 세운 목표 중 하나다. 그런 의지로 수명이 긴 재료, 세월의 흔적으로 오히려 깊이감이 생기는 재료를 선택한다. 브론즈, 트래버틴, 녹색 대리석, 오크 패널, 이 네 가지 재료를 같은 공간에 사용해 우아함과 풍요로움이 더해졌다.

"나무 패널은 인테리어에 흔하게 쓰는 재료입니다. 힐튼에서는 오크 패널을 썼어요. 나무 패널만 쓰면 단조로운데, 꼭 녹색 대리석이 아니어도 나무 소재와 짙은 대리석을 같이 쓰면 서로가 돋보이죠. 노출된 층의 두께, 즉 수평선의 띠와 기둥을 브론즈로 하기로 마음먹었어요. 번쩍번쩍 광이 나게 마무리하지 않고 은은한 빛이 돌게 했죠. 새로 지었을 때는 물론 오래될수록 깊이감이 있도록요. 그렇게 정하고 나니 난간 손잡이 등도 자연스럽게 같은 재료를 썼고요. 트래버틴은 로마 교외 지역인 티볼리에서 나는 돌로, 로마 시대부터 대부분의 건물을 트래버틴으로 감쌌어요. 그 시대 건물의 힘 받는 벽(내력벽)이나 아름드리 기둥의 재료가 바로 트래버틴입니다. 녹색 대리석은, 내가 학부 공부 할 적에 여러 가지 재료를 구성하는 비주얼 트레이닝 코스가 있었는데, 그때부터 흰 마블링이 들어간 녹색 대리석이 맘에 들어 건물을 짓게 되면 꼭 써보고 싶었습니다. 스페인 바르셀로나 파빌리온의 외벽과 내부에 녹색 대리석을 썼는데, 외벽은 마블링이 적은 녹색 대리석, 내부는 그리스 티노스섬에서 채굴한 마블링이 더 많이 들어간 녹색 대리석입니다. 녹색 대리석은 힐튼 호텔을 짓기 위해 수입했는데, 수입 물량이 넉넉해 힐튼 호텔보다 먼저 준공한 육사 도서관에도 조금 가져다 썼죠. 힐튼 호텔에 대대적으로 썼고, 서울역사박물관에도 녹색 대리석이 들어갔는데 거기 것은 마블링이 훨씬 적어서 좀 별로예요. 녹색은 좋은데 흰 빛깔이 너무 적어."

1983년 로비 라운지.

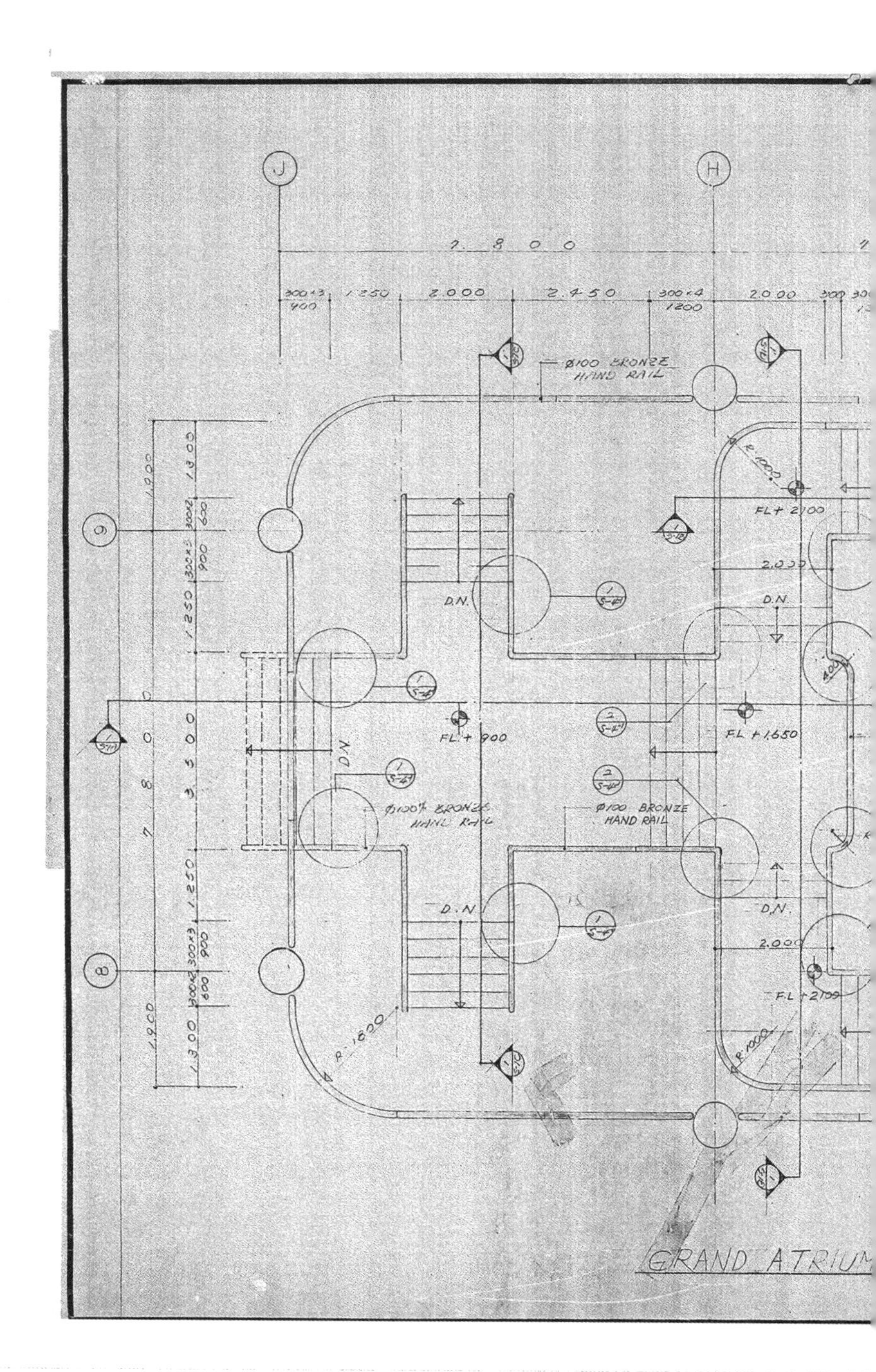

J
H
7.800
300×3
400
1,250
2,000
2,450
300×4
1200
2,000
Ø100 BRONZE
HAND RAIL
R.1000
FL+2100
D.N.
FL+900
FL+1,650
Ø100 BRONZE
HAND RAIL
R.1800
F.L+2100
GRAND ATRIUM

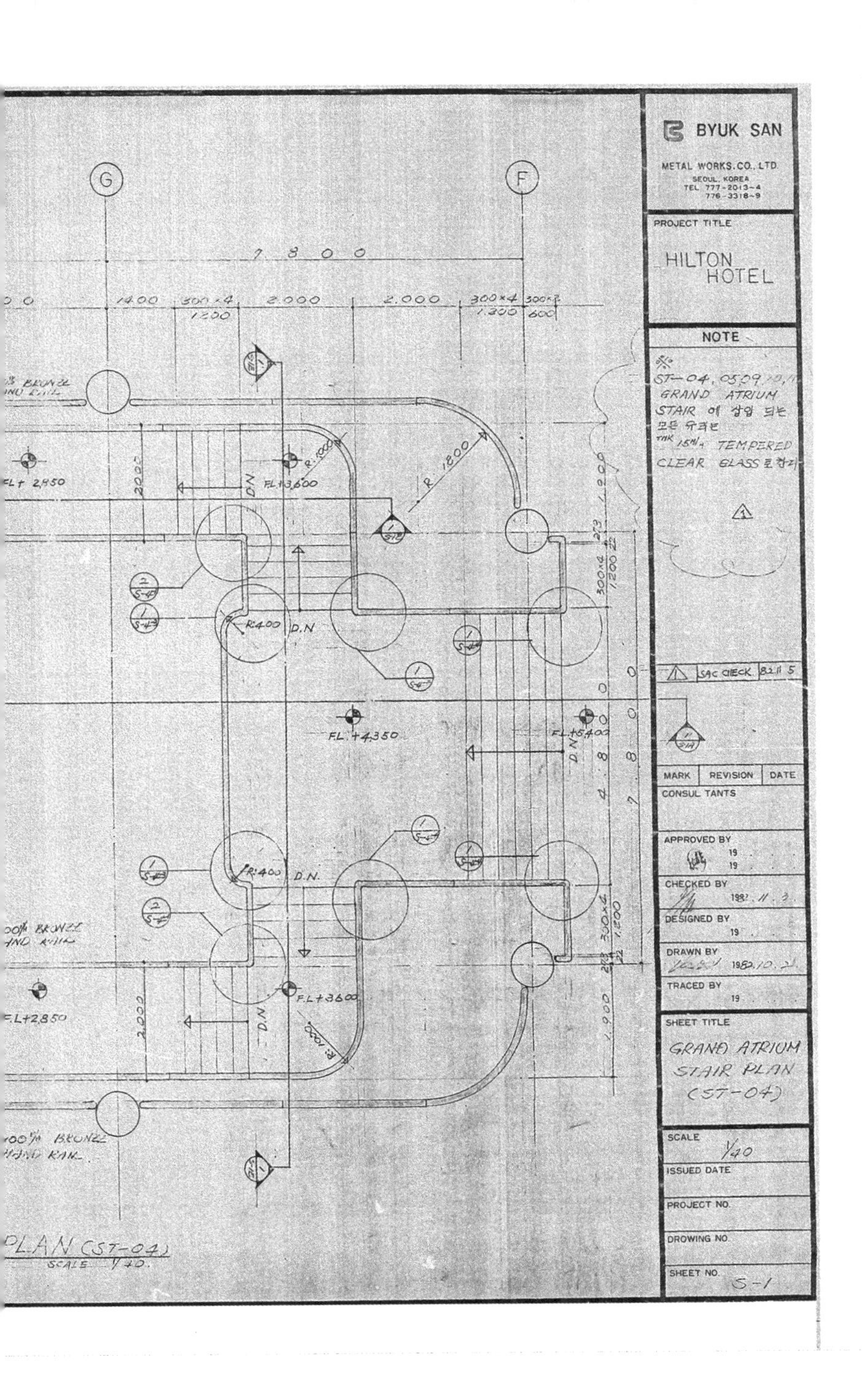
BYUK SAN
METAL WORKS.CO., LTD.
SEOUL, KOREA
TEL 777-2013~4
776-3318~9
PROJECT TITLE
HILTON HOTEL
NOTE
ST-04, 05, 09, 10, 11
GRAND ATRIUM
STAIR 에 삽입 되는
모든 유리는
THK 15m/m TEMPERED
CLEAR GLASS로 한다
SAC CHECK. 82.11.5
MARK
REVISION
DATE
CONSUL TANTS
APPROVED BY
CHECKED BY
1982. 11. 3.
DESIGNED BY
DRAWN BY
1982. 10. 21
TRACED BY
SHEET TITLE
GRAND ATRIUM STAIR PLAN (ST-04)
SCALE
1/40
ISSUED DATE
PROJECT NO.
DROWING NO.
SHEET NO.
S-1
G
F
7800
1400
300×4 1200
2000
2000
300×4 1200
300×2 600
R 1800
R:1000
R:400
D.N
FL+2,850
FL+3,600
FL.+4,350
FL+5,400
100% BRONZE HAND RAIL
PLAN (ST-04)
SCALE 1/40.

알루미늄 커튼 월

힐튼 호텔은 알루미늄 커튼 월을 적용한 국내 최초의 대형 건물이다. 이 작업을 통해 우리나라 건축 기술이 발전할 수 있었다. 구식 건물은 돌이나 벽돌이 내력벽 역할을 해 건물 무게를 받는 구조인데, 철근으로 기둥을 만들어 힘을 받게 하고 외벽은 마치 힘을 받지 않는 커튼처럼 이어져 있는 것을 재료와 상관없이 커튼 월이라고 한다.

"당시 서울 시내에 플라자 호텔, 롯데 호텔, 대림 호텔, 도큐 호텔, 서린 호텔이 있었어요. 플라자와 롯데 호텔이 주를 이루었고, 도큐 호텔은 남대문에서 남산 올라가는 길목에 자리한 20층짜리 고층 건물로, 김중업 선생이 건축하고 도큐 그룹이 운영했어요. 서린 호텔은 현재 없어졌고요. 당시 영업하던 호텔은 전부 PC 패널을 사각형으로 오려내 알루미늄 유리창을 끼운 형태였습니다. 힐튼 호텔 건축을 맡으면서, 20세기 말엽에 세계적으로 선호하던 금속으로 외피를 마감하는 것이 처음부터 세운 목표 중 하나였습니다. 국제적 수준의 기술이 필요한 재료를 씀으로써 기술 발전도 이루고, 사람들이 한눈에 봐도 구식 건물이 아니라는 것이 드러나도록 커튼 월로 하기로 마음먹었습니다. 뉴욕의 시그램 빌딩이 브론즈 커튼 월이에요. 미스 반데어로에 사무실에서 정보를 얻어 플라워 시티Flour City라를 회사에 설계와 감수를 위촉했고, 국내 회사인 효성알루미늄에 압출과 제작을 맡겼습니다. 효성알루미늄은 효성 그룹과는 관계없고 이름만 같아요."

Hilton

가든 까페

Hilt

로비 아트리움

투숙객이 아니었더라도 힐튼 호텔의 로비를 기억하는 이가 많다. 김종성 건축가는 호텔의 길목 역할을 하는 기능적인 로비를, 지하 2층에서 1층에 이르는 공간을 개방해 18m 높이의 층고를 확보하고 자연광이 드는 천창과 함께 분수를 설치해 마치 유럽의 정원처럼 설계했다. 이는 다분히 공용면적에 공공성을 부여하려는 건축가의 의도였다.

"로비는 어느 호텔에나 있어요. 현관에서 엘리베이터 타는 데까지 가는 길, 그 길목에 식당이 있는 공간이 로비예요. 롯데 호텔 본점은 힐튼 호텔보다 규모가 큰, 객실 1,000개짜리 호텔인데 힐튼 호텔에 있는 아트리움 같은 것이 없어요. 나는 통로가 되는 로비 공간에 아트리움을 만들어서 사람들을 기분 좋게 해주고 싶었어요. 마침 지형이 경사가 졌기 때문에 지금 모습처럼 만들 수 있었지만, 만약 평지에 호텔을 지었더라도 건축적으로 아트리움 같은, 가슴이 탁 트이는 공간을 틀림없이 조성했을 겁니다.

2022년 가을 KBS에서 인터뷰할 때 앵커가 공공 면적이 넓으면 건축주로서는 아쉬운 면이 있지 않겠냐는 질문을 했어요. 그때 인터뷰 시간이 짧아 충분히 설명을 못 했는데 그 부분에 대해 좀 덧붙이자면, 힐튼 호텔의 경우 객실 외 공공 면적을 36%로 정했어요. 바닥 면적은 같더라도 면적에 숫자로 표현되지 않는 높낮이는 건축하는 사람의 몫, 공공을 위해 건축가가 할 수 있는 부분입니다. 그래서 아트리움 공간에 18m의 층고를 줘서 시원시원하고 기분 좋게 만든 거예요.

'아트리움'의 사전상 의미는 로마네스크 건축이 생기기 전, 그러니까 비잔틴 건축과 초기 기독교 건축양식에서 예배 공간으로 들어가기 전 실외의 안마당을 뜻해요. 지난 50년 사이 모던 건축에서는 그것이 실내가 되거나 아래에서 위로 올라가는 형태가 되기도 하고, 같은 층이되 천창을 설치해 자연광이 들게 만들기도 했습니다. 힐튼 호텔의 경우 지하에서 계단을 통해 2층으로 올라가는 형태와 천창 모두 적용했습니다."

©밀레니엄 서울 힐튼

메인 로비에서 지하 로비로 내려가는 계단 아래쪽에 대리석 분수가 있는데,
2022년 폐장 전 힐튼 빌리지 장식을 세워 가려져 잘 보이지 않는다.
왼쪽 페이지는 1983년, 위의 사진은 2022년 연말.

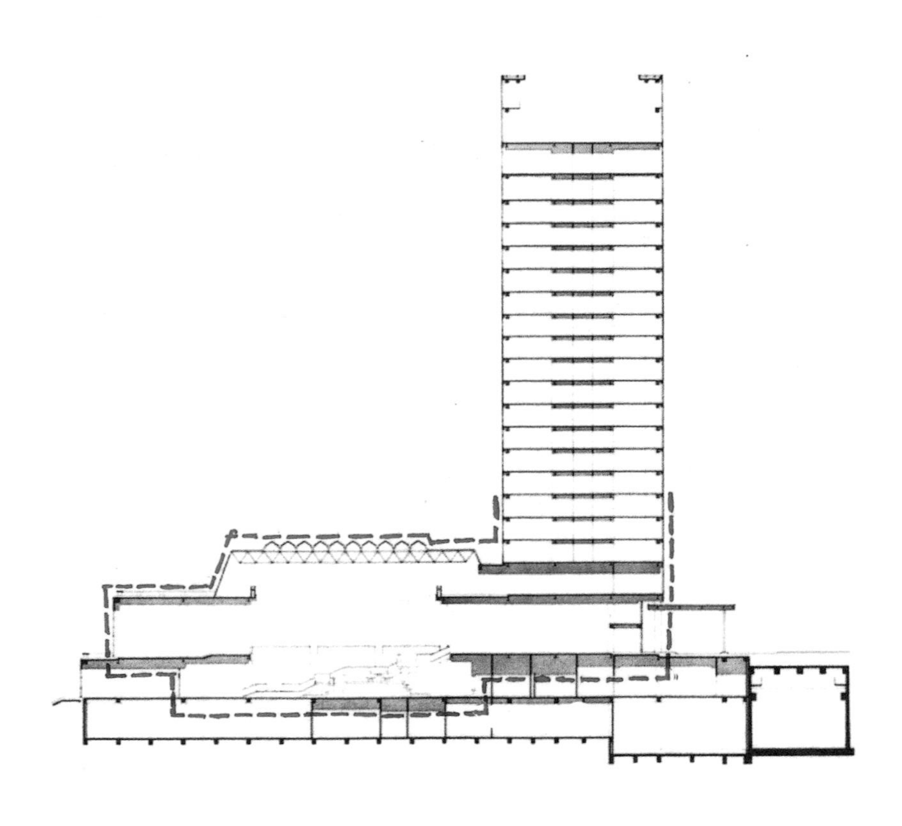

김종성 건축가가 독자의 이해를 돕기 위해 도면에 아트리움 부분을 빨간 점선으로 표시했다.

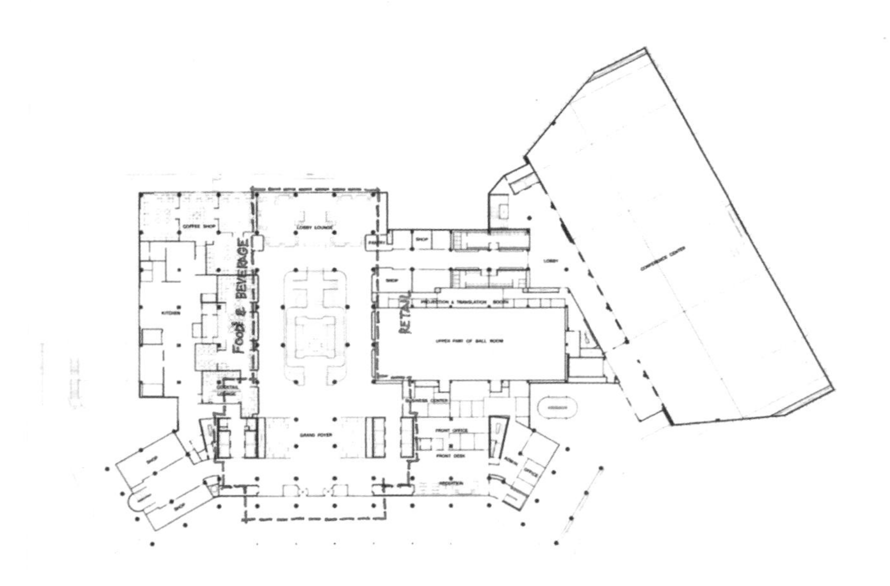

0 10 20 30M

MAIN LOBBY LEVEL PLAN

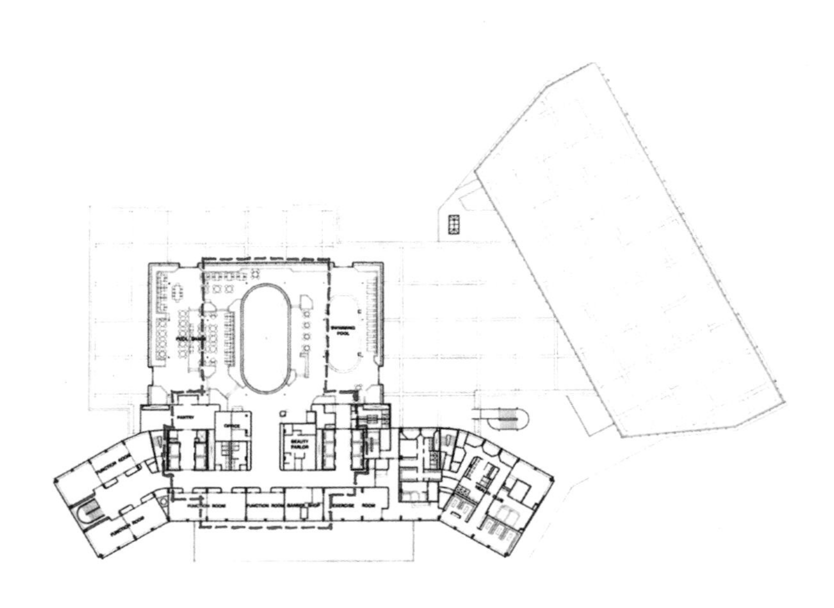

SECOND FLOOR PLAN

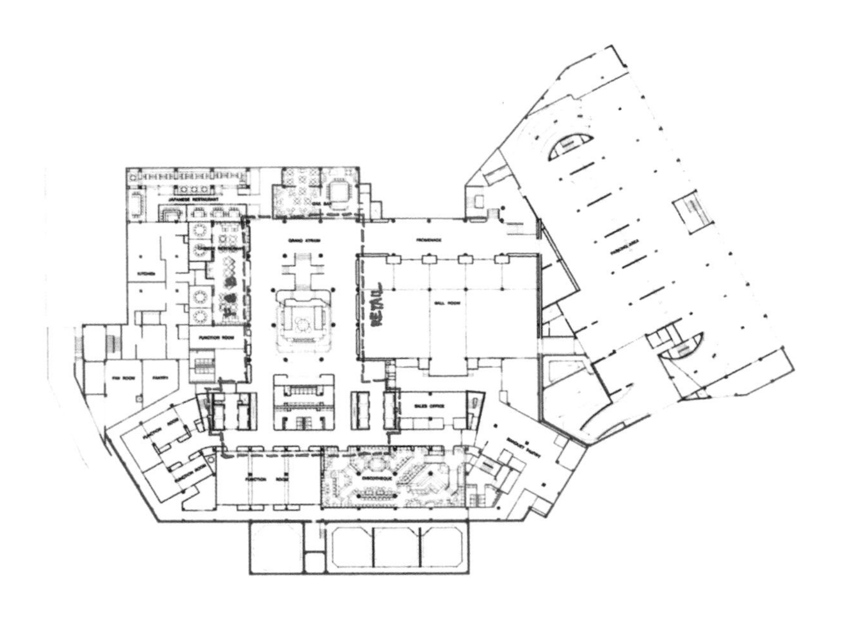

LOWER LOBBY LEVEL PLAN

레스토랑과 카페

F&B라고 약칭하는 푸드&베버리지Food & Beverage 파트도 힐튼 인터내셔널의 지침에 따라 구성했다. 힐튼 호텔 오픈 당시 시내 대형 호텔에도 한식당, 중식당, 일식당, 델리, 로비 라운지 등이 있었으나 힐튼 호텔에는 올데이 다이닝 실란트로Cilantro, 일식당 겐지Genji, 중식당 타이판Tai Pan, 프렌치 레스토랑 시즌스The Seasons, 국내 최초 정통 이탤리언 레스토랑 일 폰테Il Ponte 외에 펍 오크룸The Oak Room, 뷔페 식당 오랑제리Orangerie(마지막 이름 카페395, 이름이 여러 번 바뀌었다)가 있었다.

"F&B 업장은 올데이 다이닝과 고급 웨스턴 레스토랑, 스페셜티 레스토랑, 즉 한식당 외에 외국 스타일의 식당이 있어야 한다는 기준이 있었어요. 힐튼 호텔에는 프렌치 레스토랑 시즌스와 이탤리언 레스토랑 일 폰테가 있었죠. 당시 시내 호텔에는 일식당이 있었는데, 힐튼 호텔의 겐지도 다른 곳처럼 데판야키를 팔았어요. 그때만 해도 양식이라고 해봐야 오므라이스 같은 거였는데, 외식 문화가 지금처럼 발달하지 않았던 때라 호텔 레스토랑이 유명했죠.

일식당 겐지에서 힐튼 호텔 정원이 내다보이고 그 너머로 대우빌딩이 있었어요. 지금 서울스퀘어가 있는 자리예요. 대우빌딩과 호텔이 연결돼 있어서 대우 사람들이 왔다 갔다 했죠.

로어 로비lower lobby의 레스토랑은 차양, 가로등을 설치해 유럽의 어느 동네처럼 꾸몄어요. 처음부터 그런 디테일을 생각한 것은 아니고, 인테리어를 담당했던 캐나다인 존 그레엄이 낸 아이디어를 내가 찬성해서 수용한 게 많았어요. 그와 나는 거의 의견 충돌이 없고 생각하는 게 비슷했어요."

Bistro50

Train
Train

©밀레니엄 서울 힐튼

©박부명

2022년 폐장을 앞두고 실란트로에서 '1983 애프터눈 티 세트'를 선보였다.

크리스마스트리와 자선 기차

매년 연말 힐튼 호텔은 대형 크리마스트리와 자선 기차를 구경하러 온 사람들로 북적거렸다. 앞서 언급한 로비 아트리움 공간이 바로 크리스마스트리 명소였다. 1995년부터 2022년 폐장 때까지 운영한 자선 기차는 매해 디테일을 달리해 새로 만들고, 기차마다 기부한 기업의 로고를 달았다. 여기서 나온 수익금은 호텔 인근의 고아원에 전달했다.

"애들 데리고 가서 크리스마스트리 앞에서 사진 찍고 기차가 달리는 모습을 보며 즐거워했다는 사람이 많더군요. 자선 기차는 내 아이디어가 아니에요. 아트리움 계단이 2층에서 한 가닥으로 내려오다가 다음 층에서 양쪽으로 갈라져요. 가운데에 분수를 설치하니 양쪽에 공간이 생겼고, 당시 총지배인이던 제임스 스미스가 지하층에 자선 기차를 설치해 모금도 하고 아이들도 즐겁게 만들어주자고 해서 시작했어요. 1995년인가 시작했는데, 그것이 전통이 되어서 다음 지배인들도 이어받았어요. 이것이 서울 힐튼 호텔에서 시작되어 다른 나라 힐튼 호텔로 퍼져나갔다고 알고 있어요. 스미스가 참 좋은 아이디어를 냈어요."

ECOLAB

DULWICH COLLEGE

폐장하던 2022년 연말, 힐튼 호텔을 매입한 이지스자산운용 기차도 달렸다.

연표

1977
김우중 사장,
김종성 건축가에게
호텔 설계 제의
설계 시작(시카고)

1978
8월
김종성 건축가
귀국

1979
착공
석유파동으로
공사 연기

1981
철골 프레임 설치

1982
상량식과
고사 행사

1983
12월 7일
개관

Hilton

1987
정통 이탤리언
레스토랑
일 폰테 오픈

1988
한식당
수라 오픈

올데이 다이닝
실란트로 오픈

1989

1990

로고 변경

가든뷰 오픈

1993

1995

첫 힐튼
크리스마스 열차
발차

IMF 외환 위기

1997

1998

첫 대형
크리스마스트리
설치
로고 변경

IMF 외환 위기
여파로
싱가포르
홍룽그룹
자회사 부동산
투자사 CDL에
호텔 매각
(2억2,850만 달러,
약 2,600억 원)

1999

2001

17~18층 객실
레노베이션

2002

나이트클럽
파라오,
아레노로
상호 변경

Millennium
Seoul Hilton

2004

CDL의 호텔
운영 업체
밀레니엄과
협약으로
밀레니엄 서울
힐튼으로
명칭 변경

2007

17개 스위트 객실
레노베이션

2011

14~16층,
19~22층 객실과
듀플렉스
스위트 객실 및
그랜드볼룸
레노베이션

2014

뷔페 식당
카페 395
(구 오랑제리)
오픈
실란트로 델리
오픈

Millennium
Hilton
SEOUL

2019

밀레니엄 힐튼
서울로
명칭 변경

2020

구상노사카바
(구 겐지)
오픈

비스트로 50 (구 일 폰테) 오픈
3월
매각설 대두, 6월 철회,
12월 이지스자산운용에 매각
(약 1조 651억 원)
12월
〈조선일보〉
'1970~90년대 서울 풍경 바꾼 주역
힐튼 호텔 설계한
원로 건축가 김종성'

2021

2022

로비 전시 〈Hilton History Museum〉
3월
2022 근대 도시 건축 디자인 공모전
'남산 힐튼호텔, 모두를 위한 가치'
4월
'남산 힐튼 호텔과 양동지구의 미래'
심포지엄
'건축가 김종성과의 만남: 힐튼 호텔
철거와 보존 사이' 좌담회
6월
KBS 뉴스 '김종성 건축가의 힐튼 호텔'
11월
KBS 〈사사건건 플러스〉
김종성 건축가 출연
〈문화일보〉 인터뷰

12월 31월
폐장

2022

2023

11월
서울시 도시계획위원회
'힐튼 호텔
(양동구역 제4-2·7지구)
도시정비형 재개발사업
정비계획' 결정
세종시에 건립될
국립도시건축박물관에
힐튼 호텔 내외장재
소장 예정
이지스자산운용
힐튼 호텔의 사진,
도면 등을 기록화 예정

도어맨 유니폼(왼쪽 1983~1989년, 오른쪽 1990~2008년).

1989~2005년까지 사용한 연회 서비스 유니폼.

1989~2003년 오크룸 유니폼(위), 1995~2002년 파라오 유니폼(아래).

레스토랑 식기(위 시즌스·일 폰테, 아래 겐지·타이판).

로비 라운지 팜 코트에서 사용하던 글라스.

개장부터 2000년까지 비치된 객실 식기와 어메니티. 재떨이는 2016까지 사용.

ⓒ박부명

폐장을 앞두고 제작한 'Memories last forever(기억은 영원하다)'라는 문구가 적힌 카드 키.

Hilton

Hilton

2장

김종성
건축가에게
듣다

100년 후에도
우아한 클래식을
만들고 싶다

힐튼 호텔 철거 이슈가 터져 나왔고, 뉴욕에 거주 중인 김종성 건축가는 서울에 더 자주 들어와 더 오래 머물렀다. 그는 "힐튼 호텔은 내 인생의 역작이기도 했고 서울 남산의 아이콘이기도, 대한민국의 건축적 이정표이기도 했다"라고 말했다. 그가 서울에 올 때마다 짬을 내 인터뷰를 했는데, 대부분은 그의 이 말에 관한 것이었다. 한쪽에서 철거는 안 된다고 외치는 건물이 끝내 무력하게 허물어지는 이유는 그 건물에 관해, 그 건물이 지닌 의미와 가치, 아름다움을 모르는 사람이 그만큼 많기 때문일 것이다. 이미 늦었고, 끝내 막을 수 없게 됐지만 김종성 건축가는 콧등으로 흘러내린 안경 너머로 우리를 담담하게 바라보며 "이번 논의와 노력이 '현대건축물도 우리의 소중한 자산이구나', '지킬 만한 가치가 있는 것이구나' 하는 생각만 심어줄 수 있다고 해도 다행입니다"라고 했다. 그가 옛이야기처럼 들려주는 '힐튼 이야기'는 그 담담함 덕분에 더 선명하고 안타깝게 다가왔다.

힐튼 호텔 보존을 위해 여러 관계자들을 만나고 계신 걸로 압니다. 투자사에 피해를 끼치지 않으면서 호텔도 지키는 아이디어를 내셨는데 골자가 뭔가요?

개발업자가 설정한 이윤을 달성하면서 건물을 살리는 방법이 있다고 생각해요. 23층 타워를 오피스 아파트먼트로 개조하면 건물 손상을 최소화하면서 목적을 이룰 수 있어요. 이럴 때는 네 곳에 엘리베이터만 넣으면 돼요. 아파트 양쪽으로 엘리베이터가 생기는 거지. 지금의 힐튼 호텔은 부지의 250%만 사용해 지은 건물이에요. 용적률이 600%였으니까 350%가 남은 거지. 지금은 용적률이 800%에 달하는데 공지空地 인센티브 등을 활용하면 1,050%까지 올라가요. 공지에 오피스 빌딩을 올리고 호텔 부지는 아파트로 개조하는 것이 가장 현실적이라고 봅니다. 이렇게 하면 업체로서도 손실이 안 날 거예요.

힐튼 철거 문제로 많은 에너지를 쏟고 계십니다. 인터뷰도 적극적으로 하고

간담회에도 참여하시고요. 며칠 전 선생님의 경기고등학교 후배라는 분이 연락을 해오셨습니다. 도울 일이 있으면 후배들이 어떻게든 돕고 싶다고. 매년 선생님이 한국에 들어오시면 함께 여행도 하는데 이번 일로 선생님이 건강을 해치지는 않을까 걱정하시더라고요.

나이를 먹어서 겁이 없어요. 실수해 봤자 얼마나 창피를 당하겠나 싶기도 하지. 원정수라고, 나보다 한 살 위인 분이 있어요. 인하공대 학과장을 했고 건축 회사 간삼 창립자지. 그런데 그분이 최근 돌아가셨어요. 부인인 지순 여사가 나랑 대학 동기인데 몇 달 후에 또가버리더라고. 그래서 지금 나보다 나이 많은 사람이 건축계에 하나도 없어요. 활동 안 하는 사람이 있을 수는 있는데 그건 모르니까…. 어느새 제일 고물이 됐어. 2021년부터 힐튼 때문에 언론을 타는 거지, 그 전에는 나도 조용하게 살았어요. 그 일로 몇몇 도움을 많이 받았지. <조선일보>에서는 김미리 기자가 기사를 썼는데 그걸 보고 연락이 많이 왔어요. <조선일보>는 한국의 좌파, 우파 할 것 없이 다 보더구만.(웃음) 몇 년 연락도 없던 사람들이 전화해서는 "기사 난 거 봤어요. 그럼 이제 어떡합니까, 철거하면 안 되는데요"라고 걱정을 하더라고. 멀리 있는 사람들한테도 이야기를 많이 들었고. 함혜리 교수가 <서울신문>에 힐튼 호텔 기사를 쓴 게 2022년 5월이었던 것 같아. 한 페이지를 할애했으니 많이 쓴 거지요. 2022년 11월에는 <문화일보> 박현수 기자가 또 글을 썼고. 거긴 보수고 석간인데, 석간이라서 또 보더구만. 그런 일련의 기사로 여러 사람한테 인사를 받았어요. 김 모라는 사람이 있는데 힐튼 호텔을 설계했다더라, 하고 뜻하지 않게 관심거리가 된 거예요. 건강은 아직 괜찮아요. 당뇨 정도는 있지만.

단도직입적으로 여쭐게요. 힐튼 호텔은 선생님에게 어떤 의미인가요?

한국의 건축은 오랫동안, 조금씩 발전했지요. 정치, 경제의 격변기에 힐튼은 남산 자락에서 랜드마크 노릇을 했어요. 나름의 이정표였습니다. 내가 1970년대 중반에 한국에 들어왔는데, 긍지를 느끼는 부분은 힐튼의 시작과 끝이에요. 처음 하는 이야기인데, 플라자 호텔이나 롯데 호텔은 일본에서 설계했어요. 내가 미국에서 공부했지만, 힐튼은 한국 사람이 지은 첫 번째 대형 호텔이었어요. 일본 사람에게 설계를 의뢰해 지은 힐튼 이전의 우리 호텔은 콘크리트로 외벽을 만들고 콘크리트 패널을 찍어서 방마다 꽂는 형식이에요. 나는 그런 프리캐스트 콘크리트 공법을 쓰지 않았어요. 견고한 수직 부재를 만들어 올린 다음 그 사이를 알루미늄으로 채우고, 알루미늄 사이사이에 다시 유리판을 넣었지. 당시로는 선진적이고 실험적인 알루미늄 공법을 처음 시도한 건물이 힐튼 호텔이에요. 미국 회사에 도급을 주지도 않았지. 짓는 과정을 통해 배워야겠다, 그렇게 선진 기술을 한국 건축계에 이식해야겠다는 생각을 갖고 있었지요. 김우중 사장도, 당시에는 사장이었어요, 그런 내 생각에 호응해 주었고요. 한국 건축 기술과 문화를 이참에 업그레이드한다는 생각이 있었거든. 김우중 사장이 나를 전적으로 밀어준 것도 그런 이유 때문이에요. 지금 돌아보면 다른 재벌 기업에 들어가 그들이 주도하는 큰 그림에 내가 부품처럼 쓰였다면 이런 호텔이 안 나왔을지도 몰라요. 일이 잘못될 수도 있었고. 여담이지만, 회의를 할 때마다 김우중 사장이 나를 형님이라고 불렀어요. 사람들이 그걸 보면서 '아, 김종성이라는 사람은 건드리면 안 되겠구나' 하는 생각을 했겠지. 그런 지위와 백그라운드가 큰 행운이었어요. 또 신웅범 현장 소장도 엄청나게 노력했어요. 그 밑에 한화건설 부회장을 지낸 김현중 씨도 있었고. 힐튼 프로젝트를 통해 대단한 인물, 좋은 인물이 많이 나왔습니다. 힐튼을 그저 하나의 건물로 볼 것이 아니라 그 건물에 얽힌 앞뒤 이야기, 한국의 건축 문화와 기념할 만한 순간까지 같이 들여다봐야지요.

힐튼 호텔 철거 소식을 들었을 때 기분이 어떠셨는지요. 미국은 물론이고 특히 유럽에는 근현대 건축 문화유산을 지킬 다양한 법적·문화적 장치가 있는데, 이렇게 쉽게 철거가 결정된 국내 현실에 안타까움을 느끼셨을 법도 합니다.

2021년 이른 봄이었을 거예요. 건축하는

후배가 이메일을 보내왔는데, 한 개발업체가 힐튼 호텔을 매입해 철거한 후 새로운 용도로 재개발한다는 내용이었어요. 가까운 친지의 부음을 접한 것 같은 충격을 받았습니다. 지적한 대로 미국이나 유럽 사회는 동시대 건축물도 적정한 시간이 경과하면 등록문화재로 등재하는 법적 장치가 있어요. 뉴욕시의 경우에는 30년만 지나도 자격을 얻지요. 반면 한국은 김수근 선생이 설계한 '공간' 사옥 정도가 현대건축물로 살아남은 드문 예이고 대부분의 보존 정책이 개화기·일제강점기 건물을 보호하는 데 초점이 맞춰져 있지요. 공간 사옥은 법적인 보호 장치 때문이 아니고 개인기업 아라리오가 건축물의 가치를 평가해 갤러리로 쓰고 있는데, 나는 그 점을 높이 평가합니다. 김수근, 김중업, 엄덕문, 이희태 등 1세대 건축가들이 남긴 좋은 작품, 1945년 이후에 생긴 중요한 건축물, 동시대 건축물에도 이런 법적 장치를 마련하는 것이 다급해 보여요.

서울이 모든 분야에서 발전했다고 하지만
오래된 것을 지켜야 한다는 사회적

합의나 입법 등에 관해서는 아직 부족한 부분이 많습니다. 한국의 건축 문화 역시 마찬가지인데, 건축 문화적 측면에서 아쉬운 점이 있다면 무엇일까요? 꼭 개선해야 할 점도 함께 말씀해 주세요.

우리가 1970년대부터 성장 일변도의 역사를 쓰다 보니 과거의 것도 소중하다는 것을 인식하지 못했어요. 오래된 역사적 건축물뿐 아니라 현재 시점에서 훌륭한 건축물도 지키고 인정해야 한다는 걸 자각하지 못한 거지. 서서히 그런 분위기가 형성되고 있지만 아직 강력하지는 않아요. 신문에도 그런 주장의 칼럼이 실리고 국회에서도 입법이 됐지만 아직 갈 길이 멀어요. 그래도 2023년에 국회에서 50년이 지나지 않은 건축물도 가치가 있으면 보존한다는 법(근현대문화유산의 보존 및 활용에 관한 법률)이 제정되어서 올해(2024년) 9월 중순부터 시행된다는 소식이 반갑습니다. 그런 인식이 제고되고 새로운 흐름에 힐튼 호텔이 어떤 역할을 한다면 그것만으로도 고마운 일이긴 해요. 건물 하나 없어지는 게 뭐 그리 대수냐고 생각하는 사람도 있지. 하지만 그렇게 아름다운 건물들이 하나둘 사라지면 이 도시는 세계의 다른 도시들과 비교해 점점 가진 게 없는, 문화적으로 가난한 도시가 되는 거예요.

한 건물의 쇠락에 사회 구성원 모두가 공감대나 감정을 갖기는 쉽지 않을 테지요. 힐튼은 쓰임이 호텔이기 때문에 누군가에게는 그저 돈 많은 사람들이 가는 숙박 시설 그 이상, 그 이하도 아닐 수 있지요. 이런 분들이 왜 힐튼 호텔을 보존해야 하느냐고 묻는다면 뭐라고 하시겠습니까?

철근콘크리트 구조 일변도였던 1980년대 초에 이런저런 어려움을 이겨내고 국제적이며 새로운 외관 디자인을 도입해 지은 것이 힐튼인데, 이런 시대적 특성과 진취적 실험을 보여주는 '증거'라면 충분히 의미 있지 않을까 싶어요. 도시는 우리 모두가 이용하는 공간이고, 그 증거는 도시에 남아 많은 이의 긍지가 되겠지요. 요약하자면, 한국 건축 발전 과정의 이정표이기 때문에 남겨놓을 가치가 충분히 있다고 말하고 싶어요.

제일 중요한 점은 제가 설계를 할 적에 투숙하는 사람뿐 아니라 일반 시민도 그곳을 체험할 수 있도록 풍요로운 공간을 만드는 데 초점을 뒀다는 거예요. 800실짜리 롯데 호텔 본점만 봐도 천장 높이가 4m 정도에서 끝나요. 힐튼 호텔을 설계할 때 '우리 사회에 너그럽고 풍요로운 공간을 만들어서 여러 사람이 그곳을 누리고 느끼게 해주어야겠다' 생각했어요. 그것이 내가 마음에 품은 어젠다였지. 자칫 건축주의 돈을 낭비하는 것으로 비쳐질 수 있지만, 그런 너그러운 공간 역시 건축의 기능이라고 본 거죠. 호텔의 사용 면적을 따질 때 복도나 로비 같은 순환 공간은 전체 면적의 몇 %가 되어야 한다는 규정이 있어요. 실제 면적이 보통 65% 정도 되고 공공 면적이 35% 정도 되지. 설계하는 사람의 안목에 따라 그 35%의 활용도가 달라지는 건데, 난 높이가 18m쯤 되는 거대한 아트리움을 만들기로 목표를 세웠어요. 힐튼 부지가 경사져서 그런 디자인이 가능했지. 위쪽에서 아래쪽으로 4.8m 내려가고 1층에서는 7.2m 올라가는데, 거기에 6m를 더 붙여 올렸지. 그렇게 지하부터 1층을 지나 천장까지 18m 높이가 나온 거예요. 공공 공간은 늘 면적으로만 설명해요. 높이에 대한 이야기는 없지. 하지만 아득하고 탁 트인 높이도 공공 공간에서 중요한 요소예요. 이건 순전히 내 판단으로 결정을 내린 건데, 경사진 부지를 잘 활용해야겠다는 생각을 처음 설계할 때부터 했어요. 18m를 맥시멈으로 정한 이유는 이 정도 높이가 우리가 눈으로 '이해할 수 있는' 휴먼 스케일인 거예요. 더 높으면 휴먼 스케일에서 벗어납니다. 공항 터미널 같은 곳에는 어울릴지 몰라도 호텔에는 적합하지 않지.

투숙객의 만족과 동선만 고려해도 됐을 텐데 굳이 호텔을 이용하지 않는 사람들까지 배려한 이유가 궁금합니다.

그때까지 내가 본 서울은 건축적으로 다양성이 부족했어요. 공간은 넓지만 풍요로운 공간감을 가진 곳은 없었지. 그걸 해소하고 싶었어요. 힐튼 호텔을 설계하던 당시 일본 니혼게이자이에서 발행하는 주간지 기자와 영어로 인터뷰를 했는데 그때 내가 그랬어요. "가슴이 웅장하게 솟아오르는 공간을 만들고 싶다."

고등학교를 졸업하고 서울대 건축과에 진학하셨지요. 어떤 배경으로 건축과에 들어가셨는지, 또 2학년을 마치고 미국으로 유학을 떠나게 된 동기는 무엇인지 궁금합니다. 미국의 많은 대학 중 일리노이 공과대학을 선택한 이유도 듣고 싶습니다.

제가 54학번입니다. 부산에 피란 갔다가 수복이 돼서 서울로 돌아왔는데 시가의 반은 포탄 폭격으로 없어졌더라고. '짓는 것이 좋은 공부다' 생각했어요. 서울대 공과대에 입학해 건축 아니면 토목을 할 수 있었는데 건축으로 금방 결론이 났어요. 의과대학을 나온, 나보다 여덟 살 위 누이가 건축이 엄청 좋은 학문 같다고 하는 거야. 국립중앙박물관 초대 관장을 지내신 김재원 고고학 박사 이야기를 들을 기회가 있었던 모양인데, 김재원 박사가 "고고학의 연구 대상이 건축 아니겠습니까?"라고 했다더라고요. 그게 계기가 돼 건축을 공부하게 됐지요. 환도 후 학교에 돌아왔을 때 학습 여건과 시설이 열악하고 부실했어요. 자료실에 책도 제대로 구비되지 않았고 책이라도 주문할라치면 넉

달이 지나서야 왔지. 그때 유학을 가야겠다는 마음이 굳어졌어요. 당시 이공계는 학부 2년을 마치면 유학을 갈 수 있었어요. 유럽이냐, 미국이냐 하는 선택이 있었는데 미국 문물에 익숙했던 터라 결정이 어렵진 않았지. 독일어나 프랑스어는 힘들었어요. 영어는 대학에 들어가기 위해서라도 공부를 했으니까 부담이 없었지. 이제 대학을 결정할 차례인데 중앙우체국 옆에 외국어 서적을 파는 곳이 있었어요. 동급생들하고 종종 갔다가 〈현대건축입문〉이라는 작은 책을 샀어요. 그걸 보니까 르코르뷔지에며 프랭크 로이드 라이트며 미스 반데어로에며 건축 거장들의 작품이 다 나오더라고. 그중 미스 반데어로에가 지은 노출 철골 건물이 굉장히 인상적이었어요. 재료만 다를 뿐 나무로 기둥과 보, 서까래와 지붕을 만들어 짓는 한옥이랑 구조가 똑같은 게 아닌가 하는 생각이 들더라고요. 친근한 느낌도 들고. 그가 일리노이 공과대학에서 가르친다는 것도 알게 됐지. 실제 교수법이나 학교 생활도 나랑 잘 맞았어요.

당시 미국까지 어떻게 가셨는지, 직항은 없었을 테고요.

1956년에 미국으로 갔어요. 한국전쟁이 터지고 임시 수도 부산에서 다시 서울로 환도한 지 2년 6개월쯤 되었을 때예요. 서울 곳곳에 전흔이 많았어요. 그때 서울에 들어오는 항공사가 노스웨스트와 팬 아메리카 에어웨이즈였어요. 지금 롯데빌딩 자리에 반도 호텔이 있었는데, 거기 1층에 노스웨스트 항공사 사무실이 있었지요. 거기서 미국 가는 항공권을 구했고, 김포공항이 생기기 전이라 여의도에서 비행기가 떴습니다. 당연히 미국으로 바로 가지 않고 도쿄로 가서 사흘 묵고 호놀룰루로 향하는 길에 급유를 하기 위해 웨이크 아일랜드에 들렀어요. 당시 항공법에 경유지에서 승무원이 20시간 휴식하는 규칙이 있어서 승객도 덩달아 라운지에서 식사하고 음료 마시며 휴식을 했어요. 호놀룰루에 도착해서는 함께 유학 가는 사람 6명이 교포가 운영하는 민박에서 며칠 머물렀어요. 민박집 할머니, 할아버지가 어찌나 잘해주셨는지 몰라요. 미국에서 조심할 것, 알아둘 것도 아주 친절히 알려주셨어요. 거기서 잘 지내고 나는 LA로 가서 경기고 동기인, 먼저 유학 가 있던 친구네서 이틀 묵었어요. 부연해서 말하자면 유학을 가려면 재정 보증인이 필요해요. LA 교외에 사시는 재정 보증인을 만나고 1956년 1월 말일인지 2월 초하루인지 기억이 불분명한데, 그날 시카고로 갔어요. 마침내 미국 국내 비행기를 탄 것입니다. LA에서 시카고가 엄청 긴 비행 항로예요. 오후 8시쯤인가 해가 진 다음 시카고 미드웨이 공항에 도착했어요. 지금의 오헤어 공항이 생기기 전이지요. 시카고 대학 서쪽에 미드웨이 공항이 있었어요. 공항에서 택시를 타고 40분쯤 걸려 일리노이 공과대학에 도착했습니다. 차로 캠퍼스 가운데를 남북으로 지나는 길을 달리는데, 그때 막 준공을 마치고 학생들에게 개방하려고 준비 중인 크라운 홀이 시야에 들어왔어요. 사각형 유리 어항 같은 크라운 홀을 보고 뭐랄까, 소름이 돋았던 기억이 납니다.

한국이라는 변방의 나라에서 간 학생이 그 나라에서 인정을 받고 명문 대학의 학장

서리까지 지내셨어요. 대단한 일인데, 어떤 노력을 하셨고 어떤 비결이 있었을까 궁금합니다.

본래 유교 집안이고, 1956년에 내가 유학을 간 후 어머니, 형, 동생은 개신교도가 되었지만 나는 종교가 없습니다. 그런데 우리 인간보다 높은 존재를 느껴요. 높은 존재의 섭리. 그것이 내가 쌓은 공일 때도 있고 아버지가 쌓은 덕을 내가 받는다는 것을 깊이 느낄 때도 있어요. 공과대학 3학년 때 고층 건물 과제를 했는데 정밀도가 엄청나게 높은 멋있는 모형을 만들었어요. 기본적으로 미국 아이들 것보다 정밀도가 높았는데, 아마 한국에서 중학교 시절부터 붓글씨 쓴 것이 많이 도움이 됐을 겁니다. 나를 가르치던 앨프리드 콜드웰 교수가 졸업한 제자들에게 전화를 걸어 "여기 종성 킴이라는, 아주 가난한 나라 한국에서 온 학생이 있는데 그가 만든 건축 모형이 아주 훌륭하다. 한번 보러 왔으면 좋겠다" 라고 했대요. '가난한 한국 학생'이란 말은 한두 번 들은 것이 아니야. 교수가 내가 가난하다는 것을 알았거든. 그래서 나만 재료비를 요청해 학과 예산에서 줬어요. 그

졸업 전시가 계기가 돼 설계 사무실에서 중요한 위치에 있던 선배들이 나의 존재를 알게 됐어요. 3학년 때 이런 일도 있었어요. 담당 교수가 미스 반데어로에 사무실의 조 후지카와(일본인 2세) 선생을 만나 면담을 하라고 했어. 그래서 사진, 그림, 도면 등을 챙겨 가서 졸업하고 여기서 일하고 싶다고 말했지. 내가 가져간 것들을 보더니 '너 정말 잘한다, 그런데 우리가 쓸 여력이 없다, 조금만 기다려라' 했어요.

그리고 당시 한 학기에 2학기 학점을 딸 수 있는 행운을 얻어 1년 반 후에 대학원 공부를 시작했어요. 그때 미스 반데어로에 사무실에서, 자리가 비었는데 올 형편이 되는지 묻는 연락이 왔어요. 나로서는 바라던 꿈이 아니겠습니까. '하겠습니다! 그런데 이번 학기에 대학원을 시작했으니 그건 마쳐야 합니다. 40시간 풀타임 중 3분의 1만 하게 해주십시오' 하니 그렇게 하래요.

콜드웰 교수가 나를 눈여겨봤고, 후지카와 선생이 원서를 낸 수많은 사람들 중에서 나를 불러오라고 한 것이지요. 내가 두 분을 은사라고 이야기합니다.

선생님의 커리어와 삶에서 미스 반데어로에를 빼놓을 수 없잖아요. 그와 관련된 에피소드가 있다면 들려주세요.

내가 미스 사무실에 들어갔을 때 선생이 75세였어요. 관절염이 심해서 다리 하나가 짧아져 사무실에서 휠체어로 다녔어요. 그런데 도로에서 오피스 빌딩 1층까지 계단이 12개 있었어요. 미스가 출근할 때면 그분의 아파트 도어맨이 사무실로 전화를 걸어요. 그러면 비서가 전화를 받아 초년생 두 사람을 불러요. "미스가 오고 있어요. Jong, Mies is on the way." 도착하면 택시 문을 열고 어깨동무해서 내리는 것에서부터 두 사람이 양쪽에서 부축해 12개 계단을 올라왔어요. 그분과는 그런 개인적으로 내밀한 접촉이 있었지요. 그 사무실에서 내가 중간 간부가 되었을 때인 서른한 살에 일리노이 공과대학 교수가 됐어요. 이것도 앞서 말한 인간보다 높은 존재가 있다, 이런 걸 느끼게 된 일이에요. 대학원 학생이 늘어 상급반 지도 교수들이 대학원으로 가는 바람에 4, 5학년 교수 인원이 더 필요해졌는데, 학과장이 내 담당 교수 두 분에게 물으니 모두 제 이야기를 하더라는 겁니다. '의향이 있느냐.' 그런 행운이 어디 있습니까. '당연히 하겠습니다. 그런데 미스 반데어로에 사무실에서 선생님을 보필하며 배우는 것도 계속하면 좋겠습니다.' 학과장이 미스의 첫 제자예요. 그분이 '주 3회 수업을 하면 되니 그렇게 하라'며 바로 미스에게 달려갔어요. 허락받으러. 그분이 전화로 하는 사람이 아닙니다. 달려가서 허락해 달라고 했더니 미스가 '어려울 거 없다' 했다고 합니다.

이후 미국에서 돌아와 다시 만난 서울의 건축 현실에 관한 이야기를 좀 더 자세히 듣고 싶습니다.

지금하고 달라서 항공료가 엄청났기 때문에 미국에 간 지 17년이 지나서야 고향 땅을 밟을 수 있었어요. 결혼해서 조무래기들을 데리고 들어왔는데 비행깃값으로만 집 한 채가 날아갔어요. 대우하고 관계를 맺기 전 얘기지. 어머니는 형님이 잘 모시고 있었고, 처가 쪽 사람들을 만나려고 여수에도 다녀왔지. 처남이 나보다 다섯 살 위인데 우리를 데리고 무주구천동에도 가고 재미있고 좋은 곳을 많이 갔어요. 그때 서울은 고층 아파트가 생기기 전이고 대부분 계단으로 걸어 올라가는 5층짜리 아파트였어요. 벙커시유(중유)로 난방을 할 때라 매연도 많이 났지. 어머니도 나도 대방동에 살 때였는데 아침에 버스를 타고 움직이면 벙커시유에서 나온 매연이 길바닥에 구렁이처럼 길게 가라앉아 있었어요. 버스에서 내리면 전방 1m 정도가 아지랑이처럼 흔들리고, 그걸 지나서 시내로 볼일을 보러 나갔지. 그런 이미지가 지금껏 내게 남아 있는 서울의 모습이에요.

그때 서울에 들어와 선후배를 많이 만났는데, 그 만남으로 내 인생이 조금씩 바뀌기 시작했어요. 그때 인연이 계기가 돼 일리노이 공과대학에서 안식년을 맞았을 때 서울에 들어와 1년간 교환교수를 했거든. 1974년부터 홍익대랑 중앙대에서 강의를 했어요. 홍익대에는 내게 큰형님뻘인 정인국 교수가 있었고, 중앙대에는 대학교 1년 선배인 이명휘 교수가 학과장으로 있었지. 당시 미국에는 상원의원을 지낸 윌리엄 풀브라이트가 제정한 학술 교환 프로그램이 있었어요. 한국과 미국이 서로 학자들을 보내고 또 초빙도 하는 방식으로, 정부 단위에서 기금을 제정했기 때문에 많은 사람이 혜택을 봤지.

1974년 6월에 애들을 데리고 와 서울에서 15개월 살았어요. 1975년 8월 하순에 다시 시카고로 돌아갔고. 그때 한국 건축의 현주소를 정확하게 본 거예요. 삼일빌딩도 그때 지었는데 한국에서 제일 버젓한 건물이었지. 종로에서 을지로로 가는 광교 모서리에 17층 정도 되는 건물이 있었고 새 건물은 거의 없을 때예요. 그렇게 발전 과정에 있는 서울을 나름대로 파악하고 있었는데 대우 시카고 지사를 통해 힐튼 호텔을 지어달라는 연락이 온 거예요.

천천히 드라마가 시작되는 기분입니다. 대우 쪽에서는 선생님의 존재를 어떤 경로로 알게 됐을까요?

서울대학교에 입학해 학부 과정을 2년간 다니다 미국에 갔는데 알고 지내던 선후배가 더러 있었어요. 그들이 도움을 줬지. 대우에는 김우중 사장하고 동기 동창인 홍성부 이사라고 있었는데 내 고등학교 2년 후배예요. 대학에서도 자주 어울렸기 때문에 그의 머릿속에 내가 시카고에 있다는 게 입력돼 있었지.

제3공화국 시절에 정부에서 김우중 사장을 주시하고 있다가 '당신이 교통센터를 인수해서 매듭을 지어라' 하고 명령을 내린 거예요. 김우중 사장 입장에서도 좋았던 것이, 봉제로 시작해 대우실업을 이끌다 보니 사업이 잘돼 사옥이 필요했거든. 사옥에 관한 이야기가 진전되는 과정에서 우리나라 관광 산업을 위해 호텔을 하나 지으라는 명령까지 받은 거예요. 당시 박정희 대통령이 김우중 사장을 총애했어요. 이 일 저 일 시키고, 조선소도 해봐라, 중공업도 해봐라 해서 대우가 크게 팽창한 거예요. 그때만 해도 대우빌딩하고 힐튼 호텔이 있던 지역은 달동네였어요. 시골에서 올라온 사람들에게 호객 행위를 하는 싸구려 홍등가가 있던 곳이었지. 힐튼 호텔도 처음에는 진전이 별로 없었어요. 1977년쯤 일본 기업과 손을 잡으면서 힐튼이라는 그림이 그려지기 시작했어요. 당시 힐튼 인터내셔널은 트랜스 월드 에어라인TWA 소속이었지. 설계할 사람을 찾기 시작했는데 국제적 안목을 가진, 외국에서 공부한 사람에게 맡기고 싶다… 이렇게 판이 흘러간 거예요. 김우중 사장이 굉장히 면밀한 사람이에요. 이 사람에게는 신빙성이 굉장히 중요했죠. 회사 사람들하고 주변인들에게 내 이야기를 들었겠지. 시카고 지사장과 김우중 회장 등 3명 정도 나를 찾아와 만났는데, 전후 사정을 설명하고 "하실 생각이 있습니까?"라고 묻더라고. 이후에 하는 걸로 결론을 냈죠.

석유파동이 일어나고 프로젝트가 늦춰지면서 일리노이 공과대학 교수직을 그만두고 힐튼 호텔 설계에 매진하셨지요. 교단에서 내려오는 것에 대한 아쉬움은 없었는지요.

1974년부터 1975년까지 서울에서 교환교수 생활을 하면서 한국 사회가 상승세를 탄 것을 봤기 때문에 김우중 사장이 힐튼 호텔 설계를 제안했을 때 딱 한 가지만 고민했어요. 과연 내가 수행할 수 있는 과제인가. 그걸 판단하느라 시간이 걸렸을 뿐 한국에서 일을 해야 할지 말지는 전혀 고민이 아니었죠. 1979년 석유파동으로 프로젝트가 연기됐지만 교수직을 떠나도 후회하지 않을 거라는 생각이 확고했지.

학창 시절부터 음악은 그의 오랜 취미였다. 김종성의 고교 동창들은 그에게 베토벤, 라흐마니노프 음악 이야기를 꼭 들어보라고 했다.

1956년 봄학기를 마치고 스승 미스가 설계한 크라운홀 앞에서. 김종성 선생은 그날 차콜 그레이 컬러의 코듀로이 재킷에 보타이를 맸던 것을 기억하고 있었다.

MR. KIMM

THE STUDENT CHAPTER OF
THE A.I.A. INVITES YOU
TO AN INFORMAL PARTY-
8:00 NOVEMBER 6 AT
MR. WILL FEJER'S HOME.

김종성의 사진 뒤에 초대자가 자필로 쓴 미국건축가협회(AIA) 학생지회 파티 초대장.

모두가 도와준 인생,
모두가 함께 만든 호텔

이 책을 준비하며 긴밀하게 연락을 주고받던 우리는 김종성 건축가가 서울에 올 때마다 그가 묵고 있던 호텔에서 인터뷰를 이어나갔다. 그는 힐튼 호텔의 건축적·문화적 의미를 알리는 여러 심포지엄과 강의에 참석했다. 그와의 대화는 늘 즐거웠고, 무엇보다 정확했다. 힐튼 호텔을 계획하고 건물을 올리던 주요 마디마디, 함께했던 사람들, 여러 사건을 마치 어제 겪은 일처럼 생생히 풀어냈다. 가끔 논제에서 벗어나 이야기가 확장되는 경우가 더러 있었지만(두세 가지 질문을 동시에 던져도 "질문이 뭐였더라?" 하고 되묻는 법이 없어 이런 순간이 오히려 더 인간적으로 느껴졌다) 이내 제자리로 돌아왔다. 그의 말, 그의 생각이 비례와 규격이 딱딱 맞는 힐튼 호텔처럼 무척 정확하다는 인상을 받았다.

호텔 건축은 처음이었는데 겁이 나지는 않았는지요.

당시 한국은행 본관 뒤쪽에 빈 땅이 있었어요. 지금은 부영 소유인데 그때는 효성이 가지고 있었어요. 그 회사 큰아들이 나랑 동기 동창인데, 자기 아버지가 갖고 있던 부지에 호텔을 지을 의향이 있다면서 나한테 설계를 해달라는 거예요. 그때 설계안을 만들면서 호텔에 대해 깊이 생각해본 거예요. 미스 반데어로에도 호텔을 설계한 적은 없거든요. 자칫 호텔 설계 기회가 없을 뻔했는데 효성 호텔 프로젝트를 하면서 75% 정도는 터득한 거지. 호텔은 크게 프런트 오브 더 하우스front of the house와 백 오브 더 하우스back of the house로 나뉘어요. 프런트는 고객이 다니는 곳이고 백은 호텔에서 일하는 사람들이 다니는 덴데, 그 관계만 추가로 공부하면 됐죠. 하지만 효성 호텔 프로젝트는 끝내 실현되지 못했어요. 섬유 사업을 하느라고 호텔 사업은 손을 못 댔지.

힐튼 호텔은 스트레스가 없을 수 없을 정도로 거대한 프로젝트인데 힘들거나 괴롭거나 한

적은 없었나요?

처음 시도하는 시공법에 대해 건설 팀에 설명하고 설득하는 과정이 있었지요. 힐튼 인터내셔널 내 기술 팀과 협의 과정 없이 내가 단독으로 진행할 수 없는 것이 많았는데 인터넷이 있기 전이라 공문서 초안, 영문 메일 작성, 답신 검토, 기술 설명 등에 시간과 노력을 많이 쏟았어요. 이런 일들이 힘들다고 생각되진 않았어요. 되레 즐겁게 했지. 내가 엄청난 행운아인 것이, 인생을 통틀어 '이건 정말로 마음에 안 내킨다' 하는 일을 한 적이 없어요. 힐튼 호텔만 해도, 어려운 건 대우의 다른 부서에서 다 도움을 줬어요. 나한테 시키질 않더라고. 힐튼 호텔은 동우개발이라는 운영사를 만들어 진행했는데, 대우하고 일본 도요멘카가 합작 법인 파트너였어요. 그 시절에는 납입한 자본금만큼의 액수를 외자로 유치할 수 있었거든. 투자 비용을 마련하기 위해서라도 법인을 세운 거죠. 나로서도 필요했던 것이 보통 오피스 빌딩을 지을 때는 수입이 안 되는 대리석을, 도요멘카의 외자가 들어와 있기 때문에 비교적 수월하게 가져올 수 있었어요. 고급 자재를 쓰고 싶었는데 큰 도움이 됐지. 공사 자금은 합작 법인 자본금이 일부 불입됐고, 대우와 도요멘카의 신용으로 융자를 받아 공사를 한 다음 호텔 영업 이익금으로 융자금을 갚는 구조였지요. 당시 동우개발 사장은 나보다 세 살 위인 서울대 상대 출신의 서문석 씨였어요. 내가 본인보다 후배인데, 뭘 하자고 하면 마다하지 않았어요. 그도 굉장한 엘리트였는데, 가만 보니 협력하는 분위기가 잡혀 있는 거예요. 나중에 회장이 된 김우중 사장, 이석희 부회장을 포함해 프로젝트에 관여한 사람들 사이에서 '우리도 작품 같은 걸 한번 만들어보자'는 공감대가 형성돼 있었던 거지. 1979년 2차 석유파동이 나면서 서울시가 1년간 건축 허가를 안 내줘 프로젝트가 지연된 것 말고는 큰 문제가 없었어요.

김우중 회장이 전권을 줬지만 힐튼이 엮여 있으니 주요 논의체는 힐튼이었나요?

맞아요. 찰스 벨이라고, 힐튼 인터내셔널 부사장이 실제적인 나의 시어머니였지. 사장은 커트 스트랜드였는데, 이분이 또 전설적인 사람이에요. 빈 출신인데 젊었을 때부터 멋있기로 유명했죠. 30대에

베를린 호텔 지배인이 될 만큼 유능한 데다 말과 행동이 굉장히 우아해요. 재고, 간 보고 이런 것도 없이 할 얘기만 딱 하는 스타일이고.

CHARLES A. BELL

January 6, 1983

Mr. Jong S. Kimm
c/o Daewoo Triad Development Co.
Room 611 Daewoo Building
Yang-Dong, Seoul, Korea

Dear Jong:

I did not get a chance to send out Christmas cards this year, and I apologize. But I did want to take a moment to say hello as the New Year begins and to wish you and your family all the very best for happiness and success.

It should be a big year for you and for all of us with the opening of the Seoul Hilton. It has been a long project and a labor of love, and I know you will be pleased and proud to see it come to an end. I am sure it is going to be an outstanding hotel and one which all of us can take justifiable pride. I look forward to seeing you at the opening.

Meanwhile, best wishes.

Sincerely yours,

Charles

Charles A. Bell

CAB:mm

힐튼 호텔 개관을 앞두고 힐튼 인터내셔널 부사장 벨이 보낸 노고 치하가 담긴 서신.

155 NORTH MICHIGAN AVENUE · CHICAGO, ILLINOIS 60601 · (312) 861-0111

ESD ENVIRONMENTAL SYSTEMS DESIGN, INC.

Consulting Engineers

Mechanical · Electrical

HEM C. GUPTA, P. E.
President

December 13, 1983

Mr. Jong S. Kimm
SAC International, Ltd.
C.P.O. Box 8269
Seoul, Korea

Dear Jong:

My wife and I were pleased to be invited to attend the grand opening of the Seoul Hilton International. It was very thoughtful of you.

It appears from the photograph that the building turned out to be as beautiful as had been expected. An architect from Lester B. Knight in Chicago was at the hotel a few days ago and had positive comments about the building.

We hope that you will call us on your next visit to Chicago. If we can be of assistance to you in any of your other projects, please let us know.

Wishing you and your family Happy Holidays!

Sincerely,

Hem

Hem C. Gupta

HCG:rmq

힐튼 호텔 오프닝 관련 서신.

The Waldorf - Astoria, New York, New York 10022 Telephone: 212 : 688-2240 Cable: Hiltels, New York Telex: No. 223120

February 5,1980

Mr. Jong S.Kimm
1022 Seward Street
Evanston, Illinois 60202

Re: Seoul Hilton Lobby Design

Dear Jong:

We have received copy of your drawing no. SK-101 showing the preliminary design for the atrium.

During our experience with fountains in hotel lobbies, we found that the fountains are only attractive when they work, and when they do not work, they are rather unattractive structures devoid of any life. Your suggestion is relying on the fountains as the only design element. The large quantity of fountains as you show it would also adversely affect the noise level of this area, and would also affect the humidity and temperature of the air.

We would like to recommend that the design direction be more in line with John Graham's proposals, where there is a combination of the water element with plants and trees. While this solution may not be as dramatic as the water element that you suggest, we still feel that it would be more in keeping with the desirable ambience of the hotel, and it would create a more understated and elegant atmosphere.

I would like to say again, Jong, that your design is certainly very interesting, but it projects a different feeling and a different design direction than what we would like to accomplish.

Best personal regards.

Sincerely yours,

Vladimir Sanda

VS:jrg

c.c. C.A.Bell
F.Bemiss
G.Saghy
K.J.Sailor
K.Moss
J.Graham

아트리움에 설치될 분수에 관한 서신.

March 20, 1978

Mr. Charles Anderson Bell
Executive Vice President
Hilton International
The Waldorf-Astoria
New York, N. Y. 10022

Dear Mr. Bell:

It was a great pleasure to meet you in your offices last week for the first meeting between your staff and the Daewoo Project Team for the Seoul Hilton. On behalf of everybody from the team, I would like to thank you for the hospitality you have extended us during our stay in New York.

The tour through the World Trade Center was particularly interesting. I feel quite at home with the restrained elegance which Mr. Platner has achieved on the top floor there. As I believe you approve of this general approach to interior design, I am confident that there would not be any problem in meeting your interior design guideline on our part.

Thank you again for your hospitality. I look forward to seeing you again in a month or so.

Sincerely yours,

Jong S. Kimm, AIA

JSK/m

norman de haan associates
INCORPORATED · ARCHITECTS INTERIOR DESIGNERS
8 EAST HUBBARD STREET CHICAGO ILLINOIS 60611
TELEPHONE 312 527-9800 CABLE DEHAAN CHICAGO

1 June 1978

Mr. Jong S. Kimm
1022 Seward Street
Evanston, Illinois 60202

Dear Mr. Kimm:

It was a pleasure discussing the Seoul Hilton hotel project with you. As the nature of the program combines two areas of personal interest and commitment, Korea and hotel design, I would be particularly pleased to have an opportunity to work with you and your associates.

We propose the following services:

A. DESIGN

1. Interior design and decor of all public, restuarant, food service and lounge areas, guest rooms, offices, and conference banquet rooms.

   a. Plans, elevations and reflected ceiling plans for furnishings, cabinetry, wall and window treatment, floor coverings and/or finishes, lighting and decorative elements. Note: Reflected ceiling and elevations will be coordinated with your HVAC diffusers and grills.

   b. Detailed drawings as required for custom units such as built-in and free-standing cabinetry, booths and banquettes, chanedliers, and decorative elements.

   c. Specifications and relevent drawings in bid/producement documents for furnishings, carpeting, window treatments, wall coverings and decorative elements.

2. Advisory design services for coordinated architectural work.

   a. Definitive design drawings developed in coordination with your office for the detailed architectural configurations and elevations of dining rooms, bars, lounges, public assembly and specialty areas.

왼쪽 힐튼 호텔 프로젝트 첫 회의 후에 김종성이 보낸 서신.
오른쪽 인테리어를 맡은 존 그레엄의 서신.

힐튼 프로젝트를 진행하며 "스승이 천국에서 잘했다고 말씀하실 수 있도록 최선을 다했다"라고 하셨습니다. 각별한 사제지간이란 느낌이 들었는데 선생님이 좋아했고 또 존경하는 미스 반데어로에의 인간적 면모가 궁금합니다.

앞서 말했지만 내가 그의 사무실에서 일하기 시작했을 때 스승님은 75세셨어요. 우리가 전해 들은 왕성한 장년 시절의 모습이 아니라 과묵한 편이었지. 건축가로서 가장 인상 깊은 습관은 말이 앞서지 않고, 디자인의 우열을 깊이 비교 분석하고, 확신이 섰을 때에야 직원들에게 어느 방향으로 가야 할지 다음 단계 작업을 지시하시던 거예요.

미스 반데어로에는 한국에서도 모던 건축의 아이콘으로 인기가 높습니다. "Less is more 적을수록 더 아름답다**" 같은 말은 수도 없이 인용되지요. 그에게 배운 가장 큰 가르침이 있다면 무엇일까요?**

클래식이지요. 클래식이 된다는 것, 클래식의 아름다움은 미스 반데어로에가 중시한 건축 이념 중 하나예요. 패션같이 2년쯤 지나면 한물간 것처럼 보이는 게 아니라 지은 지 30년이 넘어도 그 자리에서 점점 고풍스럽고 아름답게 나이 들어가는 건물. 시간이 지나도 퇴색하지 않고 오히려 더 멋스러운 건물. 힐튼 호텔을 지으며 이탈리아에서 공수한 대리석을 바닥에 깔고, 브론즈를 굴려 난간을 만들고, 벽에 참나무 패널을 쓴 것도 다 그런 이유에서입니다. 미스 반데어로에는 건축가이자 인테리어 전문가이기도 했어요. 유럽의 관행이 그래요. 건물 설계를 한다 치면 가구와 선반은 뭘로 어떻게 만들지, 책꽂이는 또 어떤 구조로 들어가야 할지 다 결정해요. 인테리어를 별도로 생각하지 않고 설계에 포함시키는 거예요. 실제 그는 바르셀로나 체어도 만들지 않았습니까? 건물 안팎을 동시에 장악하고 완벽하게 조화를 이뤄내는 모습을 보면서 많이 배웠지. 그리고 그렇게 안팎이 완벽하게 조응하면 거기서 클래식이 싹트는 거고.

전후戰後 상황에서 시카고로 유학을 떠나고, 그곳에서 삶을 꾸렸다는 사실이 신기해요. 막연하기도 하고, 경제적으로도 쉽지 않은 일이었을 텐데요.

당시 제 여건이 녹록지 않았어요. 한국 전쟁 중에 아버지가 북한으로 납치를 당하셨거든. 2남 2녀 중 작은아들이고 4남매 중 셋째인데 "어머니, 저 미국에 가야겠습니다" 하니까 어머니도 놀라셨지. 그런데도 외삼촌에게 기별을 넣어 외삼촌이 도움을 줬어요. 우리 할머니 쪽 6촌 형님 중 한 분이 이승만 대통령 비서실에 있었어요. 황규면이라고 검색하면 나오는데, 청년 시절에 아버지에게 도움을 받았어요. 아버지 덕분에 영어 공부를 한 거지. 그 이야기는 또 우리 외삼촌하고 관계가 있어요. 외삼촌이 1896년생 말띠예요. 아버지하고 나이가 같았지. 그분이 한영학원이라고 제법 큰 학원을 운영했는데 황규면 형님이 그곳에서 영어를 배웠어요. 그리고 해방되던 해에 청와대에 들어갔지. 은혜를 받은 사람 중에도 안면 몰수하고 싹 돌아서는 사람이 있는가 하면 그렇지 않은 사람도 있지. 이 사람은 후자였어요.

한국전쟁이 터져 아버지가 납치되자 우리를 거둬줬지. 퇴근하면서 쌀자루도 가져다 놓고. 그 형님이 주선해서 이승만 대통령 부인인 프란체스카 여사와도 연이 닿았어요. 그녀를 직접 만난 거지. "여사님, 제 세컨드 커즌입니다. 이 청년이 미국 일리노이 공과대학에 가기로 해서 유학 시험도 통과했습니다. 그곳에서 잘 생활할 수 있도록 여사님이 도와주세요" 하고 청을 넣은 거지. 그때 주미 대사관에 양유찬 대사와 한표욱 공사가 재직하던 시절인데 프란체스카 여사가 그들에게 친서를 써줬어요. "Dear Mr. Han, I write you to support this young man" 하고 말이지. 교수가 된 다음에 학교에 보관된 내 학생 파일에서 그 편지를 봤는데 감사한 마음도 들고 도움을 준 여러 사람, 떠나오던 당시 한국의 상황이 떠오르면서 눈물이 났어요. 유학 생활이 쉽지 않았지만 많은 사람이 도움을 줬어요. 그때 미국 사회는 뭐든지 좋은 쪽으로 움직일 때야. 급우들이 자기네 집에 데려가 밥도 먹여주곤 했는데, 식탁에 앉으면 친구 아버지, 어머니가 한국은 상황이 좀 어떠냐고 물어봤지. 사회가 발전할 때라 외국인에게도 친절과 관용을 베풀었고, 도와주고자 하는 문화가 있었어요. 지금은 트럼프가 망나니 노릇을 해 그런 분위기가 아니지만. 거기엔 미국의 경제 상황도 한몫했어요. 1950년대에 국운이 크게 상승했지만 그 시기를 지나고 2000년대에 들어오니 대학 교육을 못 받고 소득도 적은 사람들의 반발이 엄청나. 그걸 포착해 정치적으로 이용한 이가 트럼프예요. 지난 선거에서 망신을 당했지만 다음에 또 이 친구가 될 것 같아 착잡하지. 돌아보면 내 삶의 길목에 엄청난 인연들이 있었어요. 취업할 때도 도움을 많이 받았고.

유학 생활을 떠올려보면 어떤 일이 가장 기억에 남나요? 미국에서 생활비는 어떻게 충당하셨는지도 궁금합니다.

1956년 봄 첫 학기 등록금은 한미재단 장학금을 받았고, 여름방학이 되자 제도製圖하는 일을 하면서 상당한 액수의 돈을 저축할 수 있었어요. 가을 학기 중에도 꾸준히 아르바이트를 했고요. 인문계 학생들이 식당에서 접시 닦는 일 같은 허드렛일을 하는 것과 달리 나는 건축 제도를 한 덕분에 학비 조달하기가 조금은 수월했지.

서울대와 비교해 수업 문화도 완전히 달랐을 것 같습니다. 교수법이나 학점 평가 등과 관련해 인상적인 부분이 있다면요?

일리노이 공과대학에 가서 시작한 미국 건축 교육의 교수 방법은 기본적으로 교수와 학생이 마주 앉아 평가하는 방법으로, 학기 말에 평점을 받고 끝나는 1950~1960년대 한국의 건축 수업과는 차이가 컸어요. 하지만 적응하기 어렵지는 않았어. 1960년대 미국 사회가 흑인에 대한 인종차별은 암암리에 있었던 데 반해 동양 사람은 실력만 있다면 피부색이 큰 문제가 안 됐어요. 예를 들면 중국의 이오 밍 페이(루브르박물관의 유리 피라미드 건축물로 유명하다)가 있지요. 1960년대는 개인적으로 희망이 충만하던 시기였어요. 일리노이 공과대학에서 학사와 석사과정을 마쳤고, 미스 반데어로에 사무실에 입사했고, 결혼해 3남매를 얻었지요. 모교에서 교수 생활도 시작했고.

8-22-68

BERLIN
Charlottenburger Schloß
Charlottenburg Castle

英娥 보아요. 어제 보낸 카드에 날자를 빠뜨렸는데, 오늘이 木요일 온지 일주일인데 몇달된것같은 기분이예요. 어제 엽서 그림 위쪽 3층지붕집 南쪽 첫재窓 二층이 내房이오. 이엽서는 150年쯤된 독일 王家의 宮殿이며 西伯林에는 몇개 없는 古建物. 이곳은 今주부터 오페라가 시작되어서 어제저녁에 Fidelio를 보았는데 美國에도 알려지지 않은 歌手들인데 最高드군요. 善

주영아, 그동안 재미있게 놀고 우영이도 잘 있지? 아빠가

B 174413

HANS ANDRES VERLAG BERLIN

MIT LUFTPOST
PAR AVION

DEUTSCHE BUNDESPOST BERLIN 50

Mrs. Young Ah Kwon
656 W. Grace Street
Chicago, Ill. 60613
U. S. A.

동료 교수와 건축 기행을 갔을 때 가족에게 보낸 사진 엽서. 당시 국제 전화 비용이 월급에 버금가서 엽서를 부쳤다고 한다. 글에서 선생의 따뜻하고 다정한 면이 드러난다.

8-28-68

DIE WIES
Wallfahrtskirche zum gegeißelten Heiland
erbaut 1746-54 von DOMINIKUS ZIMMERMANN
Church of pilgrimage „Die Wies"
Eglise de pèlerinage „Die Wies"
Blick vom oberen Chorgang zur Orgel

MIT LUFTPOST
PAR AVION

Stadt weltberühmter Biere

주영아. 이 사진이 빠
빠가 가본 교회인데
잘 보고 옥영이 우영이
에게도 말해 주어라.
요새도 재미 있게 놀았
니? 빠빠 인제 안
아파서 마음대로 걸어
다니니 걱정 말아라. 빠빠가

MISS FLORENCE KIMM
656 W. GRACE ST.
CHICAGO, ILL. 60613
U. S. A.

Original KIENBERGER-FOTO UND VERLAG Lechbruck Copyright

Berlin, Hansaviertel
Akademie der Künste

MIT LUFTPOST
PAR AVION

英娥 보아요. 그동안 애들 데리고 어머니
모시고 잘 지나는지 궁금하며. 전
날 전화로 소식을 들어 조금
마음이 놓이나 눈 부은 것 그간 많
이 내렸기 바래요. 나는 척추에게
는 아무렇지도 않고 다리는 좀
不便하나 건강하고 일이 바뻐 7時
넘을 갈때 까지는 時間이 없는
形便이요. 이사진에 나 일하는 곳
과 내 房이 보이니 애들에게 說明해
주어요. 이곳 날씨는 오던 날만 괴변이
없던 모양 행결 더워졌어요 그러면 애들
항상 조심해서 잘 놀게 해 주고 몸조심하고
어머니께 問安 전해요. 金[illegible]

Mrs Young Ah Kimm
656 W. Grace St.
Chicago, Ill. 60613
U S A

Industrie-Fotografen Klinke & Co., Berlin-Tempelhof B 351

다시 힐튼 이야기로 돌아오지요. 힐튼 같은 5성급 규모의 호텔은 국가적으로도 중요한 사업인데 당시 대우와 서울시, 더 나아가 정부 쪽에서 요구한 것은 무엇이었을까요?

1977년에 김우중 사장을 만났어요. "이거 하시겠소?" 묻길래 "하겠습니다" 했지. 이후 설계안에 대한 여러 이야기가 나왔는데 당시 정부의 공식 건축 담론은 어떻게든 한국의 전통을 반영하는 거였어요. 나는 당연히 반대했지. '힐튼이 독립기념관이면 한국의 전통을 생각하는 게 맞다. 하지만 이곳은 호텔이고 숙박 시설인데 무슨 전통이냐' 하고 얘기했지. '그건 아니다'라고 의식적으로 저항을 한 거야. 큰 반대가 있을 줄 알았는데 생각보다 수월하게 통과됐어요. 그때 국토건설부 도시국장을 지낸 사람이 유 국장이라고(이름은 기억이 안 나는데) 미국에서 공부한 분이에요. 나랑 같은 연배인데 내 의견을 타당하다는 쪽으로 받아들여 주더라고. 과정이 순탄하지는 않았지만 인허가 과정까지 거치고 나니 이 프로젝트를 정말 잘해야겠다는 마음이 들었어요. 시공 팀도 꾸려졌는데 30대 중반의 신웅범 소장이라고 있었어요. 그 사람이랑 내 뜻과 의지에 관해 이야기를 많이 했어요. "이건 상업 시설입니다. 문화 시설이 아닙니다. 한국의 전통에 얽매여서도 안 되고 억지스럽게 대한민국의 얼굴이 될 필요도 없습니다. 저는 지금 이 시대의 정신을 담고 싶습니다" 하고 공식적·비공식적 채널을 통해 계속 얘기했어요. 대우도 노력을 많이 했지. '김 선생이 좀 양보하라'고 할 수도 있었는데 그러지 않았어요. 김우중 사장의 사람 중에 그의 4년 선배인 이석희 부회장이 있었어요. 김우중 사장한테는 4년 선배고 내게는 3년 선배지. 대우의 간판이자 얼굴 노릇을 하는 사람인데 그가 대관 업무를 잘했어요. 말도 잘하고 허우대가 좋았거든. 어디에 내놔도 호감을 주는 스타일이야. 상대보다 우위에 서는 외모가 있지. 옷도 잘 입고. 시내에 있는 양복 가게들이 '이석희를 모델로 옷을 입힐 방법이 없을까?' 하고 안달할 정도였어요. 무슨 옷을 입어도 태가 좋거든. 나랑 이야기를 많이 했는데 '김 교수 당신 말이 맞아. 관청은 내가 잘 설득해 볼게' 하고 힘을 실어주더라고. 그때는 시대가 '기생 파티'를 할 때였어요. 인사동에서 동쪽으로 빠지는 길에 오진암이라고 유명한 요정이 있었는데 접대는 맨날 거기서 했지. 술을 거나하게 얻어 마셔야 접대를 받았다고 인식하던 때라 술 파티도 여러 번 했어요. 서울시 요직에 있는 국장들, 건설부 공무원도 왔어요. 당시 힐튼 인터내셔널 사장 커트 스트랜드도 참석했지. 힐튼 호텔이 한국에 들어오는 걸로 결정 났을 때 그가 "말씀만 하십시오. 내가 장관도 만나고, 관官도 접촉하고 할 테니" 했었거든. 그렇게 30명쯤 모였어요. 큰 술 파티가 열린 거지. 그런 자리를 좋아하지 않고 술도 잘 못 마시지만, 그런 자리라야 만들어지는 기능이 또 있거든. 당시만 해도 누군가를 꼭 접대해야만 이루어지는 게 있었어요. 그럴 때는 마다하지 않는 거지. 융통성이 없는 건 아니니까. 난 술을 잘 못 마셔요. 언젠가 육군사관학교 도서관 지으면서 알게 된 군인들이랑 술을 마셨는데 폭탄주를 마시고 뻗어버린 적도 있어요. 위스키를 돌려가면서 마시는데 무지막지하더라고. 그날도 요릿집에서 나와 기사가 나를 태운 것까지는 기억나는데 그 이후로는 생각이 안 나요.(웃음)

거론된 여러 사람 중 30대 중반에 힐튼 호텔 시공을 맡은 신웅범 소장이 궁금해 자료를 찾다 보니 아래 내용이 나왔다. 어떻게든 인터뷰를 하고 싶었는데 행방을 찾을 수 없었다. 그의 이름은 1984년 2월 27일자 〈중앙일보〉 '대우그룹 임원 인사'란에서도 찾을 수 있다. 대우건설부문 이사부장 승진 명단에 신웅범이라는 이름이 있었는데 함께 이름을 올린 이가 10명에 달했다. "대우그룹은 26일 관계사 임원 109명을 승진시키고 9명을 이동시키는 등 대폭적인 인사 이동을 단행했다"라는 기사가 당시 대우의 확장세를 짐작케 했다.

힐튼 호텔을 설계하며 별도로 설계비를 받은 것이 아니고 동우건축 사장으로 조직을 이끌면서 월급을 받는 조건이었다고요. 일리노이 공과대학 교수직을 내려놓기가 쉽지 않았을 텐데, 이런 조건을 두고 고민이나 갈등은 없었는지요.

한국에 들어오는 조건이 있었어요. '세 아이를 한국에 데리고 가는데 외국인 학교에 가게 해주고 학비를 지원해 달라. 쓸 만한 집을 마련해 주고 일에 관해서는 나에게 전적으로 맡겨라.' 그 외에는 얘기를 안 했어요. 협상은 당연히 그렇게 하는 거라고 생각했지. 여담인데, 경기문화재단에서 백남준미술관과 관련해 프로젝트를 진행할 때 독일 여성 건축가와 일한 적이 있었는데 이 건축가가 처음부터 변호사를 데리고 왔어. 조건도 너무 많이 제시하고. '이 사람이 현상 공모전에서 이길 생각이 있기나 한가?'라는 생각이 먼저 들더라고. 어쩌면 내가 순진했을 수 있지만 그렇게 가장 중요한 것들만 명확하게 정해 놓고 나니 일이 잘 풀렸지.

동우건축이 서울건축의 전신이지요? 사명을 바꾸신 이유가 있나요?

동우건축의 '우'는 대우의 '우宇'와 같아요. 힐튼 호텔의 주주회사가 동우개발, 대우의 건물유지 관리회사가 동우공영, 대우의 설계사무소가 동우건축이었어요. 모두 대우의 계열사예요. 전두환 정권이 시작되고 대기업의 문어발식 경영을 못하게 했어요. 동우건축 이름을 바꾸라고 해서 서울건축컨설턴트라고 했는데 그 사명을 짓고 1년 반쯤되니 또 정부에서 외국어를 쓰지 말래요. 그래서 컨설턴트만 뺐지. 아키텍트는 건축 설계를 의미하고 컨설턴트는 건축 설계에 기본 건축 개조를 컨설팅 하는 업무를 포함해요. 특히 유럽 건축 엔지니어링 설계회사들이 컨설턴트라는 말을 즐겨 써서 나도 유럽 분위기로 서울 건축 컨설턴트라고 했던 겁니다. 서울은 지역이고요. 어떤 회사는 나라 이름도 넣어요. 이탈리아Italy에서 'y'를 빼고 이탈컨설턴트로 지은 곳도 있어요. 기본적으로 나라 이름을 내거는 것은 촌스럽다 생각했고, 코리아엔지니어링이라는 회사도 있고 해서 나는 처음부터 서울을 앞으로 내걸었지.

선생님이 설계한 건물 중 제가 가장 좋아하는 작품이 힐튼 호텔과 육군사관학교 도서관입니다. 단정하고 정확한 비례가 자아내는 아름다움이 빼어나지요. 그러면서도 무척 모던하고요. 평생에 걸쳐 어떤 이미지나 구조의 건축물을 만들고 싶으셨는지요.

주어진 설계 과제가 멋있는 공간을 만들 수 있는 기회를 수반할 때 의욕이 솟구치지요. 미술관, 박물관, 도서관 등 문화 시설을 설계하는 걸 좋아합니다.

육군사관학교 도서관과 관련한 구술집을 보면 "혹시 여기도 공사 진행할 때 많이 와보셨나요?"라는 질문이 나옵니다. 그 질문에 선생님은 "물론이죠" 하고 일말의 망설임도 없이 대답하시지요. 이런 말씀도 덧붙입니다. "힐튼 현장에 한동안 일고여덟 명이 상주를 했거든. 모두가 거기로 출근을 하는 거지. 그럼 난 아침에 그쪽으로 가서 그날 일어날, 예측되는 것들을 얘기하고 퇴근 무렵에 또 가서 낮에 일어난 얘기를 다시 정리하고. 혹시 손질해서 수정해야 할 일이 있으면 또 하고. 그런 과정과 시간이 상당히 재미있었어요.(웃음) 현장 가는 게 종일 기다려지기도 하거든." 선생님이 힐튼 프로젝트를 얼마나 좋아하셨는지 느껴졌습니다.

진심으로 프로젝트를 즐겼어요. 또 좋아했고. 현장에 나가 있는 직원들을 데리고 일을 하는데, 전날이든 전전날이든 계획을 짜고 이건 이렇게 하고 저건 저렇게 하고 디렉션을 주지. 직원들은 또 그걸 붙잡고 매달리고. 그렇게 하나씩, 찬찬히 일을 해나가는 과정이 재미있는 거지. 현장 가는 걸 특히 좋아했어요. 그 전에는 주로 임원 회의를 했는데 한 50명이 쭈르르 앉아 있어. 야단맞을 사람은 야단맞고, '줄 빠따' 맞듯이 분위기가 그랬지. 그런 회의를 마치고 나는 현장으로 가는 거예요. 가서 보면 전에는 없었던 부분이 그새 형태를 갖춰가고, 또 문제가 생기면 골몰해 방법을 찾고. 건물 올라가는 걸 보고 있으면 얼마나 좋은지 몰라요.

힐튼 호텔은 이런저런 장식을 최소화한,
굉장히 엄격한 비례로 지은 건물입니다.
기능미랄까, 수학 공식을 보는 것처럼
질서정연한 아름다움이 부각되더군요.

사람이 사는 집이든, 객실이 있는 호텔이든 저마다 기능이 있지요. 기능이 건축을 만들어내는 시작이에요. 그런데 기능은 아름다움을 만들어내지는 않거든. 기능을 충족하면서 건축미를 완성하는 것이 건축가의 능력이죠. 그리고 그건 구조나 비례에서 오는 것이기도 해요. 10m×15m의 널찍한 방을 만들면서 천장 높이를 2.5m로 하면 안 되거든. 적어도 3.5m쯤은 돼야지. 그래야 사람들이 편안함을 느껴요. 기능은 건물의 초석이자 기본 조건이에요. 여기에 자재와 색채, 동선, 채광 등을 이용해 멋지게 요리하는 것이 건축이고요. 힐튼 호텔을 예로 들면, 침대나 소파를 놓고 사람들이 불편 없이 걸어 다녀야 한다는 생각이 있었어요. 그러려면 폭이 최소한 3.4m, 깊이는 6~7m는 돼야 해요. 미니멀리즘 같은 개념만 가지고서는 자연스러운 아름다움을 표현할 수 없어요. 풍부하고 정확한 사고와 숫자가 들어가야지. 반복적으로 시뮬레이션해 보면서 폭을 10cm 더 늘려 3.5m를 확보하면 어떨지, 거기에서 한 단계 더 넘어가 폭을 3.8m로 만들면 또 어떨지 끝없이 분석하지. 호텔업계에도 공간에 대한 통계치가 다 있어요. 오랫동안 가장 이상적이라고 정한 폭이 3.9m, 약 13피트예요. 1970년대까지만 해도 이 숫자가 절대적이었는데

1980년대 중반쯤 되면서 방 폭을 30cm 늘려요. 3.9미터(약 14피트)에서 4.2미터가 되는 거지. 유럽같이 땅값이 비싼 데는 이런 규격을 엄격하게 지키지만 싼 데는 크게 만드는 것에 큰 어려움이 없기 때문에 훨씬 자유로워요. 요새 4성급 호텔의 폭은 4.5m예요. 힐튼 본사에서도 이런 통계와 분석표를 다 갖고 있었는데 그런 부분이 참 재미있지.

모형으로 만든 객실 내부와 비품.

BLACKSTRIPE II

표준 객실 12개를 위아래 층으로 포개 2층, 6실로 만든 고급 스위트.

개관부터 약 5년간 있었던, 차광용으로 완자무늬 슬라이딩 스크린 도어로 넣은 객실.

힐튼 호텔 하면 우아한 베이지색 대리석이 먼저 떠올라요. 엘리베이터 바닥에도 그 대리석이 깔려 있었지요. 안팎으로는 금색 띠가 둘러져 있고요. 객실의 녹색 대리석도 기억에 남아요. 묵직한 아름다움이 느껴졌는데, 조금 과장해 로마의 호텔에 와 있는 듯한 기분도 들었습니다.

로마는 최고의 건축물을 볼 수 있는 도시지요. 클래식이 그 안에 다 들어 있는데 산피에트로대성당을 포함해 건축물의 80~90% 이상을 대리석으로 지었죠. 힐튼을 작업하면서 내가 가장 신경 쓴 것은 이 건물이 50년 후, 100년 후에도 기품 있고 우아한 아름다움을 유지할 수 있느냐였어요. 이것을 실현하기 위해 2,000년 이상 사용한 역사가 있는 트래버틴을 고른 거예요. 녹색 대리석은, 베이지색 대리석과 좀 더 힘 있게 대조를 이루는 재료가 없을까 고민하다가 선택한 것인데, 알프스에서 가져온 베르데 아첼리오Verde Acceglio를 썼지. 황동은 오래전부터 마음에 둔 재료였어요. 유럽의 지하철을 타보면 손잡이가

다 브론즈라 시간이 흐르면 흐를수록 손때가 묻어
반들반들 윤이 나지요. 벽에는 참나무를 사용했는데
이 역시 타임리스한 아름다움을 위해 선택한 재료예요.
유럽에서 흔히 사용하기도 하고. 따뜻한 회색 화강석과
티크도 자주 썼는데 이 모든 재료는 시간이 지나도
퇴색되지 않는다는 공통점이 있습니다.

**힐튼 호텔의 상징 중 하나가 웅장한
황금색 기둥입니다. 일본에서 온 장인이
스펀지에 황산을 묻혀가며 색을 냈다고
들었는데 그 정도로 세심한 공정을
거쳤다니 놀랍습니다.**

황동 판재를 곡면으로 가공해서 조립한 후
황산을 아주 엷게 희석해 천연 스펀지로 도포해 가며
황동색으로 산화시키는 공정은 숙련된 장인이 눈으로
산화도를 확인하면서 해야 하는 까다로운 작업이에요.
그래서 은 식기에 무늬나 한자를 새겨 넣는 장인보다
더 높은 경지에 오른 마스터의 손을 빌려야 하지.
이렇게 마디마디 공을 들인 이유는 시간을 초월하는,

오랜 세월이 흘러도 퇴색하지 않는 공간을 만들고 싶었기 때문이에요. 다르게 말하면 반짝 눈에 띄는 공간이 아니라, 처음 보았을 때나 5~6년 지나서 봤을 때나 본연의 품격과 재료의 질감이 살아 있는 공간을 목표로 작업했어요.

로비 뒤쪽으로 나 있는 뒤뜰의 멋진 정원도 연상이 됩니다. 그곳에 있던 돌이며 나무는 다 어디로 갈까 생각하면 마음이 착잡해지고, 그중 하나라도 가져오고 싶은 마음이 들어요. 석등과 연못, 녹음이 우거진 아름다운 산책로도 그립고요.

조경은 우리 팀과 별개로 움직였어요. 건물이 다 올라가고 조경하는 사람들이 들어왔지. 나하고 얘기를 주고받은 게 없는데도 뜻밖에 능력이 좋았어요. 아주 괜찮게 나왔어. 서양에서는 처음부터 건축가와 함께 일을 시키거든. 크레디트도 함께 올라가고. 김우중 사장하고 정희자 여사가 개인적으로 잘 아는 사람이었을 거라 짐작해요. 방배동 자택을 했던 사람이라든지.

인테리어 얘기를 해보겠습니다. 힐튼 호텔이 좋았던 건 객실에서도 편안한 우아함과 고풍스러움이 전해졌기 때문이라 생각합니다. 아늑하면서도 질리지 않는 고급스러움과 세련된 멋이 있었지요.

일단 편리함 위주로 레이아웃을 했고, '이건 홍콩에 있는 힐튼이 아니고 뉴욕이나 마드리드에 있는 힐튼도 아니다'라고 생각했어요. 한국적 모티브를 넣으면서 섬유라든지 나무라든지, 담담한 조화 같은 걸 많이 생각했지. 30년을 써도 지금처럼 편안하고 따뜻하고 중립적인 이미지를 지녀야 한다는게 첫째 원칙이었어요. 인테리어 디자인은 캐나다 출신의 존 그레이엄이 잘해 줬어요. 미스 반데어로에 사무실에서 일할 때 토론토에 있는 도미니언 은행 프로젝트를 같이 한 아주 점잖은 친군데 업계에선 내로라하는 사람이지. 대우 쪽에서도 그와 한다고 하니 좋아했어요. 덕분에 쉽게 쉽게 진행했지. 그가 '소파는 이걸로 합시다', '카펫은 이걸로 깝시다' 하고 제안하면 편안하고 따뜻해 보여서 금방 수긍이 갔어요. 경주 힐튼 프로젝트

때는 조금 마찰이 있었는데, 바닥에 흰색 대리석을 썼더라고. 나는 베이지색 트래버틴을 주로 사용하는데 말이지. 베이지색을 쓰면 어떤 물성의 가구를 놓든 다 잘 받아주거든. 조화도 뛰어나고. 그런데 끝까지 흰색을 고집하는 거예요. '이건 너무 강하다', '바닥은 품어주고 받쳐주는 역할을 해야 하는데 흰색은 너무 세다' 계속 얘기했지. 며칠 동안 냉기가 감돌았어.(웃음)

효율에만 목을 매면
문화적으로 가난한
도시가 된다

김종성 건축가와의 인터뷰가 즐거웠던 이유는 그에게 인간적 매력이 있었기 때문이다. 만날 때마다 '어찌 저리 말끔하실까, 대화와 일 처리에 막힘이 없으실까' 경외스러울 정도였다. 몸에 밴 신사적인 태도도 멋졌다. 마지막 미팅은 선생의 일정이 많아 조식을 하며 이야기를 나눴다. 뉴욕에서 오신 사모님도 함께 했는데 김종성 선생이 아침 식사 자리에서 아내를 지긋한 눈길로 바라보며 "시작하실까요?"라고 묻던 모습이 지금껏 눈에 선하다. 인터뷰는 거의 매번 호텔에서 이뤄졌는데 한 번도 대충 걸치고 나온 적이 없었다. 셔츠는 주름 하나 없이 빳빳하고, 신발은 일주일 전에 산 것처럼 깨끗했다. 이런 고급스럽고 우아한 분위기를 닮고 싶다고 생각했다. 힐튼 이야기가 묵직하게 채워지고 난 후 우리는 좀 더 편안한 마음으로 그의 일과와 일상에 관해 이야기를 나누었다.

어느 도시에 가든 의도치 않아도 건축물이 시야에 들어옵니다. 세계의 많은 시공간을 경험하셨는데 아름다운 도시의 핵심은 무엇이라고 생각하시는지요. 도시에는 왜 '클래식'이 있어야 할까요?

도시는 유기체예요. 오래된 역사적 도시라고 하면 200년 묵은 건물이 중심을 잡고 있고 최근 완공한 건물이 서로 마주 보고 있지. 그런데 그 둘은 불협하는 게 아니라 공존하는 분위기예요. 그런 도시는 시간이 흐르면서 점점 깊은 오라aura를 가지게 돼요. 서울은 한국전쟁 이후 놀라운 발전을 이뤘지요. 1960년대 말 학교를 짓는 것에서 시작해 5층짜리 아파트가 들어서기 시작했고, 곧 엘리베이터 시설이 도입되면서 18층짜리, 그리고 요즘엔 50층짜리 아파트도 많아요. 그렇게 아파트 천국이 됐는데 서울이 진정한 메트로폴리스가 되려면 100년 안 된 건물도 보호해야 한다는 사회적 인식이 자리 잡아야 하고 법적 장치도 마련돼야 해요. 영국 서퍽주 입스위치에 일리스 빌딩이라고 있어요. 윌리스 파버 듀머스Willis Faber Dumas라는 보험회사 건물인데 하이테크 건축으로 유명한 노먼 포스터와 웬디 치즈먼이 설계한 건물이지요. 영국은 이 건물을 지은 지 15년 정도밖에 안 됐을 때 문화재로 지정해서 보호했어요. 현대건축물의 우수성을 인정한 거지. 영국의 동쪽 바다와 면한 작은 도시에 있는 건물까지 주의를 기울이는 거예요. 관리 부주의로 이런 건물을 잃어버리면 국가적 손실이라고 보는 겁니다. 미국은 30년만 넘어도 그 건물을 지킬 수 있어요. 시그램 빌딩이 1958년에 준공됐는데 31년 되는 시점에 지방자치단체에서 법적인 보호 준거를 발휘했지요. 랜드마크로 지정되면 건물 주인도 못 건드려. 미국은 지방자치단체에 의해 굴러가는 나라이기 때문에 국가 규정은 아니지만 중요한 건물은 어떻게든 지킨다는 국민적 공감대가 형성돼 있어요. 랜드마크가 되면 건물주에게도 명예가 되고 부동산 관점에서도 가격이 배로 올라 굉장한 이득이지.

뉴욕을 예로 드셨는데 시카고는 어떤가요? 시카고 역시 건축 도시로 유명하잖아요. 이 도시의 건축적 아름다움은 무엇일까요?

1871년 시카고에 대화재가 났어요. 3일간이나 계속된 화재로 10만 명 이상이 집을 잃었고 업무 지구에 있던 3~4층짜리 낡은 건물이 큰 피해를 입었지요. 기록에 따르면 데코벵가 137번지 고목에 있던 올리어리 가족의 헛간에서 불이 난 게 원인이라고 해요. 당시는 초롱불을 켜고 살던 시절인데 외양간에 있던 소가 초롱불을 발로 차면서 여물에 불이 붙었다고 보는 거지. 이 불로 시카고 중심 업무 지구가 다 타버렸어요. 완전히 새로 지어야 하는 환경이 조성됐죠. 불행한 사건이었지만 한편으로는 새로운 틀을 마련할 수 있는 기회이기도 했어요. 마침 오티스라는 사업가가 엘리베이터 '오티스'를 개발한 시점이기도 해요(오티스는 1853년 뉴욕 엑스포에서 자동 안전장치 엘리베이터를 최초로 선보였다. 오티스의 엘리베이터는 세상에서 가장 안전한 엘리베이터로 유명하다). 건축가들도 이 신식 기계를 활용하면 20층 높이의 건물도 무난하게 올릴 수 있어서 눈여겨봤지. 이런 미래적 청사진의 중심에 시카고파에 속해 활동한 건축가 대니얼 허드슨 버넘이 있었어요. 이 사람이 거의 백지수표를 받고 존 웰본 루트 같은 동료 건축가와 함께 머리를 맞대고 시카고 재건에서 전권을 행사했지요.

이들은 한마디로 준비가 된 사람들이었어요. 콘크리트 기술을 터득했고, 엘리베이터도 있고, 강철 골조 구조에도 밝았지. 경량 커튼 월에 대한 이해도도 높았고. 그때 지은 건물들은 지금도 부동산적으로 가치가 있어요. 120~130년 된 건물들인데 아름답고 튼튼하고 돈도 잘 벌어주니 새로 지을 이유가 없지. 이렇게 오래된 건물이 죽 늘어서 있는 것이 시카고 중심 지구의 큰 특징이에요. 시카고 도심은 고가 전철과 초고층 빌딩이 에워싸고 있는데 그 안을 들여다보면 이런 작은 건물들이 잘 보존되어 있어요.

여행도 많이 다니시는 걸로 알고 있어요. 세계에서 가장 좋아하는 도시나 건축물이 있다면 어디일까요?

음, 인구 1,000만 이상 도시에서는 떠오르는 데가 없는데 빈은 갈 적마다 기분이 좋아요. 음악을 좋아해서이기도 한데, 유명한 음악 축제도 많이 열리고 어디에서나 늘 음악이 흐르거든. 1800년대부터 1900년을 기점으로 지은 오래된 건물도 많고 커피도 맛있어요. 커피숍에 가면 커피 종류가 스무 가지가 넘지. 일주일 정도

머무르면서 그 커피들을 한 가지씩 다 먹어보면 좋겠어요. 번갈아가며 마시면 어렵지 않지.(웃음) 아, 브뤼셀도 좋습니다. 거긴 지하철이 생긴 지 150년 정도 됐는데 에스컬레이터 발판이 두꺼운 나무예요. 난간은 청동이고. 앞에서도 이야기했지만 이런 손잡이는 쓰면 쓸수록 반질반질해지고 옛날 조각처럼 고풍스러워요. 디테일도 살아 있고 더없이 감성적이지.

아름다운 걸 알아보는 안목은 하루아침에 얻어지는 것이 아니잖아요. 선생님을 뵐 때마다 빼어난 취향과 타고난 안목을 갖고 계시다고 느끼는데 이런 심미안은 어떻게 형성된 것일까요?

안목이나 취향이 그 사람의 성장 배경과 아주 무관하다고 할 수는 없겠지요. 우리 집안은 유교 사상을 따랐는데 아버지가 차남이라 물려받은 게 없어요. 큰아들한테 다 가니까. 대신 할아버지가 아버지를 영국 유학을 보내줬어요. 근데 학비가 오질 않으니 몇 년을 공부하다 영국 생활을 정리하고 미국으로 넘어갔어요.

아르바이트를 하면서 사셨는데 공부는 안 하셨다 하더라고.(웃음) 그러다 스물두세 살 적에 유니언 철로 회사에서 서기 노릇을 2년인가 해서 돈을 모아 캘리포니아 대학에 들어가셨어요. 그런 배경과 삶의 태도 같은 것이 알게 모르게 영향을 끼쳤겠지. 천천히 스며들었을 거라고 봐요. 유학에서 돌아온 아버지는 힘든 시절을 보내셨어요. 일제강점기이다 보니 외국에서 공부를 했다고 해도 큰 도움이 안 돼서 아주 어려운 시간을 보냈지. 돈은 없는데 밤낮으로 본 것은 많아서 눈이 높았거든.

어머니는 어떤 분이셨어요?

우리 외할아버지가 평양감사였어요. 조선 말엽에 과거 급제를 했지. 어머니는 평안도 출신이고 외삼촌은 한영학원 설립자였어요. 왕십리에 있었는데, 그걸 설립하고 애정을 쏟았어요. 어머니가 1901년생인데 그때 신여성으로는 드물게 외할아버지가 일본 유학을 보냈어요. 전문대 수준의 학교에서 공부하고 와서 덕성여중 모체인 근화학원에서 일본어를 가르치셨지. 아버지는 그곳에서 영어 선생을 하고. 두 분이 거기서 만났어요. 고모가 의친왕비라 왕족과 근거리에서 지내게 됐는데 고모가 일본 말이 안 되셨거든. 집에서 붓글씨며 한문 교육을 받았는데 어머니가 한 번씩 가서 비공식 일본 말 비서 노릇을 했어요. 나이 차가 아주 많이 나는 어린 올케인데 일본 말이 되니까 어머니를 부르신 거지. 나도 자주 가서 인사를 올렸고. 그런 성장 배경이 나란 사람의 마음의 구성이나 마음가짐에 영향을 미쳤을 거라고 봐요.

'마음의 구성'이라는 말씀이 근사한데 성장 배경을 좀 더 부연해 주실 수 있을지요.

돈이 없는 집안인데 눈에 보이는 것들은 그리 빈곤하지 않았어요. 그런 것들이 영향을 줬겠지요. 고모가 사시던 곳이 지금의 관훈동으로, 거기 사동궁에서 의친왕과 살았어요. 관훈동에 경인미술관이 있는데 그 근처예요. 내가 태어난 장문경 산부인과와도 가까워요. 장문경 씨는 한국인 최초의 여자 산부인과 의사였어요. 서양 의학을 배우고 온 이가 차린 첫번 째 산부인과였어요.

하여튼 우리 가족은 우리끼리 따로 살고 있었는데 가세가 기울어 혜화동에 있던 박길룡 건축가가 지은 양옥집을 정리하고 일가가 사동궁 내 한옥으로 들어갔어요. 누나며 형이며 우리 4남매가 다 들어간 거지. 나도 아버지, 어머니 따라 고모에게 아침 문안 인사를 갔는데 막내누이는 어려서 인사를 못 가고 내가 가장 어렸어요. 어린애가 와서 절을 하면 귀엽고 인형 같잖아. 인사를 마치면 캐러멜도 주시고 당신이 드시던 포도주도 조금 따라주시면서 "종성아, 마셔봐라" 하셨지. 그런 집안 분위기가 알게 모르게 영향을 미쳤을 거라고 봐요. 우리 집안은 돈이 없는데 주변 환경은 또 상류층이니 아버지가 받았을 스트레스를 가만 짐작해 보면 마음이 아파요. 아버지 주변에는 시즌이 되면 노루 사냥을 가는 이가 있었는데 아버지는 그런 활동을 일절 할 수가 없었지.

한국에는 사례가 많지 않은 로열패밀리의 삶을 보는 듯했습니다. 이 시절은 선생님의 삶에 어떤 추억으로 남아 있나요?

내가 수송국민학교에 들어가기 2년 전부터 국민학교 4학년 때까지 그곳에서 살았으니까 어린 시절 추억이 많이 떠오릅니다. 여름이면 대문 밖에 있던 비교적 깊은 우물에 그물로 묶은 수박을 담가놓았다가 차가워지면 썰어서 먹었던 일, 버찌를 따려고 나무를 타고 올라갔던 일, 비교적 넓은 안마당에 떨어지던 남쪽의 추녀 그림자가 겨울에는 더 깊게 들어왔던 일 등이 떠올라요.

나이 들면 나고 자란 곳으로 돌아가고 싶다는데 선생님은 어떠신가요? 한국으로 돌아오고 싶지는 않으신지요.

그런 감정이 없는 것이, 시카고 생활 22년, 뉴욕 생활 18년이에요. 미국에서 40년을 살았어. 나로서는 뉴욕이나 시카고 어디에 떨어트려 놔도 아주 익숙해요. 서울에서도 20여 년을 살았기 때문에 비교할 수 있는데 뉴욕은 서울에 비해 삶의 속도가 살짝 느려요.

뉴욕의 매력은 무엇일까요?

나로서는 정말 자랑하고 싶은 게 박물관,

미술관, 음악당이 있다는 거예요. 미리 계획하지 않아도 어느 날 아침 신문을 보다가 내일 어디에 어느 악단이 온다고 하면 깜짝 놀라서 표를 사려고 가봅니다. 그러면 저렴한 표는 다 나가고 아주 비싼 표만 남았어. 표를 사서 음악회에 가요. 나는 시카고에서 교수 생활을 했기 때문에 거기서 나오는 연금이 있어요. 1년간 쓰는 예산의 25% 정도를 그 연금으로 해결하니까 나쁘지 않지. 돈을 쓰는 건 쓰라리지만(웃음) 그런 음악회를 접할 수 있는 게 얼마나 기쁩니까. 뉴욕은 그런 공연이 거의 매일 열려요. 베를린 필이며 빈 필이 수시로 공연하니까 너무 좋은 환경이지. 그리고 우리 집에서 길을 건너면 메트로폴리탄 박물관, 500m 걸어가면 구겐하임 미술관, 버스로 20분 거리에 모마가 있어요. 볼거리가 사방에 있으니 얼마나 좋아. 내게는 뉴욕이 즐겁고 살기 편한 그런 동네예요. 먹는 건 어떤가 하면, 차이나타운에 가면 언제든지 광둥식 랍스터 요리를 맛볼 수 있어요. 우리 손주 중 제일 어린 애가 LA에서 사는 고 2예요. 대학생도 있고, 시카고 대학을 막 졸업한 애도 있고…. 이 아이들이 우리 부부를 즐겁게 해주려고 돌아가면서 놀러 오거든. 그때마다 "뭐 먹고 싶냐?" 물어보면 랍스터래. 걔들을 데리고 차이나타운에 가서 랍스터 두 마리를 시켜요. 그러면 원 없이 먹어.

또 뉴욕에서는 나이를 먹어도 할 게 많아. 축적된 지혜를 펼칠 데가 많지. 정년을 채우고 대형 무역상사 같은 데서 중견 이사 같은 직함을 달면 대략 65세가 된다고. 그런데 그 나이가 되어도 할 게 많아요. 그런 사람은 A부터 Z까지 다 알거든. 봉사할 데도 많고 찾는 곳도 넘쳐요. 임금 피크제를 적용해서 연봉의 75% 정도를 받고 일하는 사람도 많지. 그렇게 되면 문화생활을 하면서도 크게 돈 걱정을 하지 않아도 돼요. 이거 따지고 저거 따지다 보면 할 수 있는 게 별로 없거든. 그런 환경 때문이라도 경제적으로나 심리적으로나 서울보다는 뉴욕이 덜 쪼들리는 것 같아요.

음악은 어떤 계기로 좋아하게 되셨나요?

큰누나가 피아노를 공부했어요. 나중에 의과로 갔지만. 아버지가 영국에서 2년 있다 미국으로 가서 공부를 했으니 일제강점기에 요주의 인물이었어요. 본인 처지가 그러니 혹시라도 위안부로 끌려갈까 누나 걱정을 엄청 많이 했어요. 그러다 결국 일본 사람들이 보내는 학교에 누나를 보냈지. 집에는 음반도 꽤 있었는데 그때는 지름이 12인치인 78회전 음반SP이었어요. 그런 음반이 몇십 장 있었던 걸로 기억해. 어머니, 아버지가 사 모은 거지. 집에 업라이트 피아노도 있었고 레슨을 받기도 했어요. 음반을 기기에 올려놓고 가만 듣는 걸 좋아했지. 경기고 1학년 때는 밴드에서 클라리넷을 했어요. 1년 반 있다 한국전쟁이 터지면서 바로 그만둬야 했지만. 돌아보면 음악 전반에 관심이 많았어요. 머리를 짧게 깎아 대학생 행세를 못 할 적인 고등학교 3학년 때도 인사동 돌체다방에서 2시간도 좋고 3시간도 좋고 계속 음악 듣는 걸 좋아했지요.

음악 이야기를 좀 더 듣고 싶습니다.
장르별로 편애하는 곡이 궁금합니다.

한국인들이 좋아하는 오페라가 베르디의 <라 트라비아타>가 아닐까 싶어요. 스토리도 마냥 센티멘털하지만은 않아요. 어릴 적에 밤낮으로 들으면서 자랐어요. 오페라다운 오페라로는 모차르트의 〈피가로의 결혼〉이 있고, 베토벤이 작곡한 유일한 오페라 〈피델리오〉도 좋아해요. 이탈리아 현대 오페라를 좋아하는 이들도 있는데 나는 큰 흥미가 없어요. 실내악도 많이 들어요. 특히 베토벤의 피아노와 바이올린을 위한 소나타 열 곡은 밤낮으로 들으라고 해도 지겹지가 않아. 콘체르토 하면 모차르트가 먼저 떠올라요. 피아노 콘체르토도 많은데 아주 들을 만하지. 20세기로 와서는 말러를 좋아해요. 말러 교향곡이 아홉 곡 있잖아요. 10번은 미완성인데 '대지의 노래'나 '방황하는 젊은이의 노래'를 들어요. 기본적으로는 베토벤을 아주 좋아해요. 구조적으로 완벽하거든.

저는 아침에 느긋하게 보내는 시간을 좋아해요. 특히 급할 게 없는 주말 아침을 사랑하지요. 그런 날은 커피도 일부러 천천히 내립니다. 선생님은 아침 시간을 어떻게 보내시는지 궁금해요.

아침 7시쯤이면 깨요. 그 후에는 컴퓨터를 켜고 인터넷으로 접할 수 있는 글로벌 뉴스를 쭉 훑어보지. 국제 뉴스와 음악, 주요 사설과 칼럼을 즐겨 읽어요. 음악 칼럼이나 공연 소식은 빼놓지 않고 보지요. 뉴욕이 전 세계적으로 좋은 연주회가 제일 많이 열리는 동네거든. 뉴욕 일정을 훑어본 다음에는 전 세계 메트로폴리스에서 펼쳐지는 공연 관련 기사를 살펴보는 걸 좋아해요. 브뤼셀이나 마드리드, 맨체스터, 파리에서는 어떤 공연이 열리는지, 직접 가서 보지는 못 해도 좋아하는 피아니스트가 어느 나라에서 어떤 음악을 연주하고 또 다른 나라에는 어떤 프로그램을 들고 가는지 꼼꼼히 읽습니다. 그쪽으로 호기심이 많아요.

아침에는 채소를 많이 먹어요. 샐러드도 많이 먹고. 래디시며 방울토마토, 어떤 때는 중간 크기 토마토나 브로콜리를 섞고 그 위에 발사믹하고 올리브 오일을 뿌려 먹죠. 말하자면 소화가 잘되는 음식을 좋아하는데, 그렇게 한 그릇 먹은 다음 어떤 때는 시리얼에 우유를 부어서 먹고. 그렇게 먹은 날은 달걀은 안 먹어요. 달걀 먹는 날은 시리얼을 생략하고. 될 수 있으면 그때그때 저렴한 과일을 많이 먹으려고 노력해요. 여름에는 수박 한 통을 사서 한 열흘쯤 두고두고 먹지.(웃음)

아침 식사를 마친 후에는 산책을 해요. 길을 건너면 바로 메트로폴리탄 박물관이 나오거든. 그 뒤로 가면 공원이 이어지고. 그 길을 45분 정도 돌다 들어와요. 점심은 보통 토스트나 샌드위치를 먹는데, 참치에 마요네즈를 넣고 셀러리를 잘게 썰어서 올리지. 주로 아내가 만드는데 오늘은 토스트를 많이 굽자든지 이런 이야기를 해요.

점심을 먹고는 일을 해요. 지난 4년간은 책을 쓰느라 거의 컴퓨터 앞에 앉아 있었어요. 외출도 종종 하는데 사실 밖에 나가는 걸 그리 좋아하진 않아요. 그러다 보니 3시간 동안 꼼짝하지 않고 일할 때도 있어요. 중간중간 밤사이에 들어온 이메일도 체크하고. 그런데 그렇게 움직이지 않고 일하는 것이 건강에는 좋지 않은 것 같아요.

또 내가 가르치던 일리노이 공과대학에 미스 반데어로에 소사이어티라고 있는데 거기서 5년째 이사로

봉사 활동을 하고 있어요. 스승님이 디자인한 건물이 일리노이 공과대학에 22개가 있거든. 그걸 유지·관리하는 임무를 맡고 있지요. 설계나 디자인과 관련해 캠퍼스를 안내하는 활동도 하고, 논의해야 하는 부분은 화상회의도 하고. 논문을 쓰는 후배들의 이런저런 질문에 꼭 대답을 해줘요. 뉴욕에 거주하는 한국 출신 후배가 많아요. 미국에서 공부하고 영주권도 있는 친구들로 40대 후반도 많고. 그 친구들이 이번 목요일 저녁에 만납시다, 하고 모임을 제안하면 또 기꺼이 나가요.

인생을 돌아볼 때 가장 보람된 일은 무엇이고 또 실망스러운 일은 무엇인지요.

1978년 한국에 와서 일을 시작했는데 당시 한국 건설 인력이 중동에 많이 나갈 때야. 맨 파워가 필요한 시절이었지. 우리 건설업계가 상승세를 타고 이런저런 실험과 투자를 할 수 있었던 때라 나로서도 굉장히 의미 있고 신나는 시절을 보냈어요. 한국에 돌아와 힐튼 호텔을 지은 게 가장 잘한 일이라고 할 수 있어요. 처음에는 쉽지 않았죠. 미국에서는 당연하게 적용하는 평지붕이 여기서는 해결이 안 되더라고. 배수가 되도록 물매를 나지막하게 줘야 하는데 시공을 실패해서 보통 2년 안에 물이 샜어요. 그런데 미국 공병대나 사우디아라비아 같은 데 일하러 간 인력이 돌아오면서 다 해결됐지. 해외에 나갔다 온 이들이 본사 실력을 끌어올린 거예요. 힐튼을 지을 때도 가공, 시공 과정에서 정밀도에 대한 이슈가 늘 있었기 때문에 항상 긴장하고, 내 마음 한구석에 경계심이 깔려 있었어요. 그런 걱정과 노력 끝에 건물이 완공됐을 때는 모두가 커다란 성취감을 느꼈지요. 힐튼은 결국 철거하는 쪽으로 결정이 났지만, 이번 움직임을 계기로 중요한 건물은 쉽게 철거하지 말자는 법규가 생기리라 전망해 봅니다.

선생님은 어떤 건축가, 스승인가요. 어느 건축가 분이 식사 자리에서 앞에 두 사람이 앉으니 가운데로 의자를 옮기신 에피소드를 전하며 선생님을 '따뜻한 정확함'을 지닌 분이라 했다고 해요.

건축가로서는 석고를 으깨서 조각을 만들어 내는 타입이 아니라는 것은 대개 짐작 할 거예요. 말하자면 르코르뷔지에가 그런 건축가예요. 나는 구축적 논리에 입각해서 부분과, 전체, 부분과 부분, 재료의 조화, 또는 대조 등의 디자인 프로세스로 작업을 하는데 그것이 석고로 폼 메이킹form making하는 것보다 쉬운 일이 아닌 것도 분명합니다.

선생으로서는 배우는 사람이 나에게 던지는 질문에 따라서 나의 답변의 깊이가 달라지고요. 기본적으로 내가 내성적인 것은 분명하고, 나와 대화하는 쪽에서 적극적으로 내 생각을 이끌어 내면 어떤 주제인 것에 관계없이 생각, 말이 나옵니다. 뭐 성격은 내 주변(집안)에 큰 소리 내고 그런 사람이 없어요.(웃음)

이 책을 만들면서 호텔 건설에 참여한 관계자들을 인터뷰하다가 놀란 점이 있어요. 다름 아니라 선생님이 단 한 번도 크게 화내는 모습을 본 적이 없다고 하더라고요. 모두가 이구동성으로 '베리 베리 젠틀맨'이라는 거예요. 어떻게 이런 인격이 가능할까요?

인간관계는 결국 나 하기에 달렸어요.

내 경우는 상대를 늘 인격체로 생각해요. 내 밑에서 일하는 친구들에게도 "너, 오늘 이거 그리는 거다", "내일 밤까지 하는 거다"라고 하지만 인격을 제쳐놓고 하는 적은 없거든. 내가 상대방 입장이라면 어떨까 생각하면서 말하죠. '인터퍼스널 릴레이션interpersonal relation'이라는 말이 있어요. 가는 말이 고와야 오는 말이 곱단 얘기지.(웃음) 사람을 존중하는 마음이 있으면 돼요. 정성갑 에디터는 나를 따뜻하다고 하지만 그 말도 상대적인 거예요. 어떤 사람은 나를 냉정하다고 하거든. 모든 것에는 두 가지, 즉 양면이 있는 것 같아. 내가 나를 분석해 봐도 차가운 면이 있어요. 상대방에게서 오는 바이브레이션이 내게 전혀 와닿지 않고 내 관심사도 아니고 커넥션도 찾을 수 없으면, 그런가 보다 하고 말거든. 그러면 '김 아무개 냉정한 인간이다'라는 말이 뒤에서 나오지. 그런 사람들이 있다는 것도 알지만 내가 열정이 넘쳐흘러 막 호응을 하거나 요란하게 대꾸하는 게 아니거든. 어느 면에서 따뜻한 인간일 수 있지만 그게 바깥으로 넘쳐흐르는 사람은 아니에요. 그런 면에서 우리 아이들에게 참 미안해. 한국에 들어와 힐튼 일을 하면서 참 바빴어요. 내가 늘 제일 일찍 나가. 아이들이 깨기도 전에 나가는 거지. 1970년대는 지금과 분위기가 아주 달랐어요. 김우중 사장이 제복 입고 워커 신고 아침 7시에 임원 회의를 소집했다고. 퇴근도 늦어서 애들이 자러 막 방에 들어가거나 잠든 다음에 귀가하는 경우가 많았어요. 딸 둘에 아들 하나가 막내인데, 아들이 고2 때 미국 보딩 스쿨을 가겠다는 거야. 아내가 아들이랑 상의하고 그렇게 하기로 했다고 얘기하더라고. 그때 내가 상담 역할을 제대로 못 해줬어요. 그게 지금까지 참 미안해. 큰아이는 노스웨스턴 대학교에서 피아노를 전공했는데 4년 학사를 마치고 "아빠, 연주로 성공하는 사람은 1,000명에 하나인 것 같아요. 저는 연주로 입신할 수 있는 재주가 아닙니다. 그러면 남는 길이 대학교수인데 그건 내키지 않고 MBA를 하고 싶어요" 하더라고. 아이의 성향과 자질을 내가 빨리 파악했더라면 일찍 다른 길을 모색했을 텐데, 4년간 음악을 할 필요가 없는 아이를 고생시킨 거지.

둘째 따님이 건축가인 걸로 알고 있습니다. 같은 업계 선배로서 딸이자 후배 건축가에게 가장 자주 하는 말은 뭔가요?

둘째는 코넬 대학교에 들어갔는데 처음에는 전공을 선택하지 않은 상태였어요. 학부 과정을 밟으면서 건축의 역사를 수강하더니 "아빠, 나 건축할래" 하더라고. 난 내심 좋았어요. 응원하는 마음으로 시켰지. 하버드 가서도 무척 열심히 공부하더니 잘 마무리하고 나왔어요. 사위도 동급생인데 사위 아버지가 샌프란시스코에 있는 이름 있는 설계 회사 사장이더라고. 공부 끝내고 둘이 그쪽으로 갔지. 시카고에서 배운 내 지식을 입력할 시간이 없었어요.(웃음)

젊었을 때는 고딕 양식을 좋아하다가 최근에는 로마네스크 양식에 마음을 뺏기신 걸로 알고 있습니다. 고딕이 화려하고 장식적이라면 로마네스크 양식은 무덤덤하고 단단한 느낌인데 로마네스크 양식에서 어떤 아름다움과 가치를 보신 건지요.

12~13세기의 원숙기 고딕high gothic 건축에서는 극치의 구조적 논리를 중시합니다. 이후 후기 고딕late lothic 건축에서는 장식이 많아지는데 어느새 좀 식상해지더군요. 그에 대한 반발이었는지 10~11세기에 지은 로마네스크 건축물을 많이 답사하면서 심층적으로 관찰하기 시작했어요. 로마네스크 건축물의 아름다움의 원천은 진실된 구조에 있어요. 장식적인 멋보다 담백한 구조와 수공예적 힘이 들어가 있지. 그런 점이 점점 매력적으로 다가왔는데 이는 모더니즘 건축의 이상과도 맥을 같이하는 것이지요. 이탈리아 피렌체에 한두 달 머물면서 르네상스 시대의 유명 건축물뿐 아니라 무명 또는 익명의 건축물을 답사하면 엄청 즐거운 시간이 될 겁니다.

건축계의 큰어른으로서 후학들에게 어떤 자세로 건축에 임해야 하는지 조언을 해주신다면요.

내가 한국에서 공부했으면 1958년 졸업이에요. 당시 한국은 전쟁을 겪은 후라 우리 사회에 필수 불가결한 시설이 많이 부족했어요. 교육 시설, 의료 시설, 주거 시설 등을 세우는 데 우리 동기들이 기여를 많이 했지. 이제 한국의 건축 기술은 선진국하고도 격차가 없어요. 우리 젊은 건축도들은 이제 공적인 것이든 사적인 것이든 세계적 기준을 봐야 해요. 기술적으로, 도덕적으로, 환경적으로, 또 윤리적으로 세계적 수준에 부합하는지 살필 수 있어야 해요. 다른 나라에서도 환영하는 기술과 재료로 만들어야죠. 그게 어렵지는 않은 게, 지금 우리는 이미 세계적 수준에 와 있거든요. 핸디캡 하나도 없이 똑같은 조건에서 좋은 건축물을 만들 수 있어요. 건축 잡지를 보면 상당히 큰 과제를 창의적으로 잘 풀어내는 젊은이들이 많이 눈에 띄어요. 1980년대에는 내용은 생각하지 않고 포스트모던 형태에만 치우치는 학생이 많아 야단을 쳤는데 지금은 그렇지 않아. 건축은 테크놀로지와 예술의 융합이기 때문에 한편으로는 분석적인 냉철한 두뇌가 필요하고, 또 한편으로는 뛰어난 안목의 예술적 자질도 중요해요. 비례감, 구조적 아름다움, 재료의 병치 같은 것들을 눈으로 늘 익히고 있어야 이슈가 있을 때마다 올바르게 판단할 수 있지요. 그럴싸한 디자인에 현혹되지 말고 지금 요구되는 기법과 재료, 공법을 잘 융합해 오래가는 건물을 잘 만들어주세요. 이것이 제가 후배들에게 전하고 싶은 말입니다.

큰 프로젝트도 많이 했고, 원하는 것은 다 해본 행운의 건축가라는 생각도 듭니다. SK와 대우를 포함해 유독 큰 고객이 많았는데 이런 분들과 커뮤니케이션을 잘할 수 있는 비결은 무엇일까요?

클라이언트와 소통하면서 상대방이 원하는 것이 무엇인지 분석하고 최선과 최적의 해결책을 제시하는 기브 앤드 테이크 과정을 이해해야 해요. 서로 인격을 존중해야 하고. 어디까지나 대화가 양방향으로 흐르도록 만드는 자세가 중요합니다.

쉽지 않은 환경 속에서도 끝내 후회 없는 인생을 사셨다는 느낌입니다. 어떤 힘이 이런 삶을 가능하게 했을까요?

낙천적인 성격 덕분이 아닐까 싶어요. 절망적인 일과 문제는 계속 일어나지만 주어진 환경에서 최선이 무엇인지 고민하고 행동으로 옮기는 습관이 도움이 됐겠지요. 돌아보면 유학 갈 형편이 아니었는데 일하면서 학비를 조달할 수 있을 거라는 낙관론을 갖고 있었어요. 삶의 지혜는 나 같은 건축가보다는 후세에 좋은 글을 남긴 역사적 인물에게서 얻는 것이 더 현명해요. 노자의 〈도덕경〉 같은 책을 보면 도움이 될 겁니다.

많은 기회를 얻었고 많은 것을 이루셨습니다. '좋았던 인생'이라고도 말할 수 있을 것 같은데 남은 소망이 있을까요?

건축적으로, 또 건축가로서 소망은 없어요. 굳이 한 가지를 꼽자면 내가 못 해본 작업이 주택이에요. 우리 내외가 세 아이와 함께 살 때 우리 집을 설계했으면 생활하기 편리하게 디자인했을 거라 자신하는데 말입니다.(웃음) 로마네스크 건축 책까지 마쳤으니 이 부분도 아쉬움이 없어요. 이제 미스 반데어로에의 공간론을 써야 하는데, 영문으로 먼저 시작해 볼 생각입니다.

2019년 첫 권을 출간,
2023년에 시리즈를
마무리했다.

로마네스크 책 사진의 90%를
찍은 캐논 6D 카메라.

김종성 선생의 뉴욕 집. 현관 입구에서 거실 창까지의 공간을 페르시안 카펫을 깔아 공간을 구획했다. 상판을 트래버틴 소재로 제작한 커피 테이블과 브루노 체어가 보인다.

©김종성

베이지 가죽의 바르셀로나 체어. 브루노 체어와 마찬가지로 미스의 디자인이다.

©김종성

©김종성

거실 한쪽에 자리한 선생의 서재. 컴퓨터 화면에 이 책의 자료들이 보인다.

3장

현장 사람들이 기억하는 이야기

그때 그 시절,
땀내 나는 우리의
화양연화

서울건축 지승준&박종선

이 책이 기획 단계를 지나 본격적으로 닻을 올리기 전, 김종성 선생에게 이메일을 보내 인터뷰 할 만한 분들을 여쭈었다. 선생은 힐튼 호텔 프로젝트에 직간접적으로 참여한 인사들의 리스트를 정리해 보내주었고, 보내는 메일에 그분들의 이메일 주소를 참조로 걸어 본인의 메시지를 그들도 알 수 있도록 했다. 그리고 얼마 지나지 않아 차례로 메일에 언급된 분들이 연락을 해왔다. 본인은 어떤 일을 했고, 어떤 이야기를 할 수 있다는 내용과 함께. 조금 과장해 일사분란하다는 느낌까지 받았다. 한 시절을 땀 흘려 연대했다는, 그 기억이 여전히 좋은 기억으로 남아 있다는 마음이 전해졌다.

한국에서 가장 큰 건축 사무소 중 하나인 해안건축의 건축사이자 '호텔 마스터'란 직함을 갖고 있는 지승준 소장은 이번 책 프로젝트에 큰힘이 돼주었다. 사전 조사와 팩트 체크까지 마친 뒤 인터뷰에 임해 연도별 흐름을 정리하는 데도 많은 도움이 됐다. 그가 보내준 메시지에 따르면, 그는 1979년 2월부터 1984년까지 힐튼 호텔 건설에 참여했고, 호텔 건립에 역시 큰 역할을 한 삼정종합 건축사사무소 박종선 소장은 1980년 2월부터 1983년 9월까지 함께했다. 두 분과 이야기를 나누며 힐튼 호텔처럼 크고 선구적이며 근면과 열정을 필요로 하는 프로젝트는 각자의 인생에 풍성하고도 선명한 한때로 자리매김한다는 것을 알게 됐다. 밤을 새워도 대화가 끊이지 않을 만큼 이야기가 넘쳐나고, 달고 짠 기억과 에피소드 역시 끝도 없이 이어지는 한때의 세계. 용적률이니 효율이니 하는 말이 별로인 건 그 뒤에 있는 인생과 기억, 보람과 긍지 같은 무형의 가치에 대해서는 실상 아무런 배려나 짐작이 없기 때문이다.

국가의 영향을 받았던, 그 시절의 건축 현장

해안건축 회의실에서 만난 지승준 소장과 박종선 소장은 앞서거니 뒤서거니 호흡을 맞추고 기억을 확인하며 힐튼 호텔 설계 감리와 시공 과정에서 있던 여러 이야기를 들려주었다. 그들의 말과 함께 당시의 시대상과 사회상 그리고 경제 발전상이 구체적 이미지로 만들어졌다 허물어졌다 반복했다. "박종선 소장은 군대 제대하고 바로 서울건축에 입사했어요. 서울건축은 실상 대우의 건축물 설계를 도맡았지요. 저는 김종성 교수님이 힐튼 호텔 설계를 착수한 다음 해부터 설계에 참여했고, 박종선 소장은 나보다 1년 늦게 프로젝트에 참여했어요. 내 얘기를 좀 더 하자면, 1979년에 대학을 졸업했는데 그때 중동 건설 붐이 일면서 사회적으로 건설 분야의 전문 인력이 부족했습니다. 국가기간산업에서 5년간 근무하면 보충역으로 편입해 주었지요. 물론 건축 기사 자격증을 가지고 있어야 했지요. 여러 가지 조건에 합의하면 3주 군사훈련만 받고 군대에 안 가도 됐어요. 그런 제도가 잠깐 있었습니다. '우리 모두 땀 흘려 외화를 벌어 옵시다',

'여러분은 이 나라의 기둥입니다' 하는 분위기였지. 지승준 소장의 말이다. 힐튼 프로젝트와 연결될 운명이었던지 취업을 준비하던 대학교 4학년 때 그 소식을 자연스럽게 들었다. "취업 설명회 같은 게 있었는데 학교 선배들이 와서 자기 회사로 오라며 홍보를 했어요. 김종성 교수님이 한국에 오셔서 힐튼 호텔 프로젝트를 총괄한다는 것도 알려줬지요. 친구들은 현대건설로 많이 갔고 나는 대우를 택했어요. 시공보다는 설계 쪽으로 방향을 잡고 있었기 때문에 현대보다는 대우가 맞다고 생각했지요. 당시 대우건설은 대규모 건설 회사가 아니었지만, 그래서 오히려 기회가 있을 거라고 봤어요."

힐튼 호텔 건립 당시의 상황은 마디마디 영화 같은 구석이 있었다. 이야기를 들을 때마다 그 장면이 그려졌고, 그것을 영상으로 만들면 넷플릭스를 통해 바로 방영해도 될 것 같았다. 두 사람이 기억하는 그때는 한마디로 자부심의 시절이었다. 내가 이런 호텔 건설에 참여하고 있다는, 가슴이 빵빵한 채로 하루하루가 차곡차곡 쌓이는.

"김종성 교수님이 김우중 회장의

경기고등학교 2년 선배였지요. 김우중 회장이 사장단 회의를 하면 김 교수님도 참석했는데 꼭 선배님이라고 호칭을 붙였어요. 스폰서를 잘 만난 거지.(웃음) 모든 걸 책임지고 최고로 잘 만들어달라 그런 분위기였어요. 총괄 아키텍트 역할을 맡긴 거죠. 힐튼 호텔 사업에는 해외투자 지분이 있어서 당시 한국에는 없던 최고 자재도 많이 들여왔어요. 미국산도 있고, 이탈리아산도 있었지. 대우가 공사를 하는 해외 현지에 연락해 받을 수도 있었지만 김 교수님이 거의 모든 재료를 선정하고 연결해 주고 그랬어요. 호텔 현장에 대우 상무가 현장 소장으로 나왔는데 매일 8시에 출근해 우리를 집합해 놓고, 최고로 하되 속도도 빨리 내달라는 김우중 회장님의 말을 전했지요. 자정 이후에는 통행금지가 있던 시절인데 저녁 9시 넘어서까지 일하는 게 다반사였어요. 골조만 세워진 호텔 부속 주차 빌딩 최상층에 사무실을 마련했어요. 당시 서울건축 종합건축사사무소 사무실은 여의도에 있었어요. 토요일에는 오후 3시 퇴근이었는데 김 교수님이 12시까지 그곳에서 일하다가 꼭 이곳으로 넘어와요. 그러면 오후 2시부터 미팅을 하기 시작하는 거예요. 이런저런 결정도 해주시고, 스케치도 보여주시고…. '아 그렇겠구나', '저렇게 만들어지겠구나' 하면서 들었지요. 하나하나 새로운 게 많았어요."

차선 없이 최선의 안만 갖고 있었던 사람

그 과정에서 일과 프로세스가 뒤죽박죽 엉키는 경우는 없었다. 지승준 소장의 말을 빌리자면 김종성 선생은 한번 정한 걸 이리저리 바꾸는 사람이 아니기 때문이다. 차선이라는 옵션 없이 처음부터 숙고해 만든 최상의 안을 갖고 일했다.

"그 시절을 회상하면 감흥보다는 자부심 같은 게 있었어요. 힐튼 호텔이 들어서기 전 서울에 이미 조선 호텔, 신라 호텔, 하얏트 호텔, 롯데 호텔이 있었거든. 근데 대부분 일본이나 미국에서 기본 설계를 해 왔어요. 우리는 설계 경험이 없으니까. 비록 자재는 외국에서 들여 왔지만 힐튼 호텔 같은 큰 건물을 우리가 직접 짓는다는 긍지가 있었지요. 요즘은 건물을 짓고 나서 운영사를 정하는 경우가 많은데 그때는 설계 초기부터 호텔 운영사가 힐튼으로 정해져 있었어요. 그래서 힐튼에서도 호텔 운영에 필요한 것들을 정확하게 요구했지. 가이드라인을 정리한 책이 세 권 정도 됐어요. 모든 것이 체계적으로 정리돼 있는 거지요. 당시 서울에 여러 호텔이 있었지만 운영 측면을 고려해 설계한 최초의 현대식 호텔은 힐튼이 아닐까 싶어요."

'최초의 현대식'이란 설명에는 재료에 관한 이야기도 포함된다. 김종성 선생은 국내외 인터뷰에서 서울 힐튼 호텔의 건축적 의미는 세계에서 공수한 재료와 순수 한국 기술로 만든 설비 시스템에 있다고 자주 언급했다. 미국에서 벌목한 참나무를 1.5mm 두께로 정교하게 자른 베니어(얇게 켠 널빤지)와 이탈리아 알프스산 부근에서 나는 아첼리오 대리석이 그렇게 처음 한국에 들어왔다. 지승준 소장과 박종선 소장은 힐튼 호텔 1층 아트리움 공간에 장군처럼 서 있던 브론즈 기둥 역시 그 전까지 한국에서는 접할 수 없었던 요소라고 했다.

"미국에서 만든 걸 가져오면 한국보다 세 배가 비싼 거예요. 비용도 고려해야 했기 때문에 벽산과 협업해 우리가 원하는 질감의 기둥을 새로 만들었어요. 당시 벽산이 을지로에 사옥을 지었는데 처음에는 현관에 스테인리스 기둥을 세우고 광을 냈다가 힐튼 호텔을 보고 브론즈로 바꿨죠.(웃음) 녹색 대리석 벽이나 오크우드(flexwood 제품) 패널도 한국에서 처음 쓰는 재료였지요."

로비 아트리움 지붕에 있던 스페이스 트러스와 천창(채광을 위해 유리로 마감하는 경우가 많다)도 한국에서 처음 선보이는 구조였다. 프랭크 게리가 설계한 루이 비통 청담 건물에서도 볼 수 있는 장스팬 트러스 초대형 지붕으로, 기둥을 적게 두면서도 넓은 면적을 커버할 수 있도록 파이프가 거미줄처럼 정교하게 짜여 있다. "건축미와 구조미를 동시에 느낄 수 있는 형태로 아주 정교하게 구성되어 있고, 중심부에서 뻗어나오는 구조 부재인 파이프가 아주 근사해요. 보이지 않는 구석구석에 홈통이 들어가 있는데 이 부분도 무척 정교하게 설계했어요. 육안으로는 보이지 않는 홈통이 한옥의 물받이처럼 구조물 전체에 쭉 연결되어 있는 거죠. 김종성 교수는 이렇게 건물의 기본 기능이 드러나는 걸 좋아하셨어요. 올림픽 역도경기장에는 더욱 확대된 장스팬 트러스 구조가 적용되어 있습니다." 힐튼 호텔에 적용한 트러스 구조는 독일의 메로Mero 시스템이다.
메로는 이 분야에서 최고 권위와 실력을 자랑하는 곳이다.

그런 기품과 우아함을 다시 만날 수 있을까

힐튼 호텔을 이야기할 때 빠지지 않고
나오는 수사가 '클래식', '우아함' 같은 것이다. 힐튼
호텔에는 주목받던 개발도상국이 뻗치는 기운과 열정으로
용틀임을 하듯 건설한 건물답지 않은 차분하고 고요한
기품이 깃들어 있었다. 나 역시 그 품격을 좋아했는데
이 책을 위해 인터뷰를 진행하면서 그 따뜻한 공기 같던
오라aura가 실은 처음부터 철저하게 계획된 것이었다는
걸 알게 됐다. 이를테면 1층 로비 공간에 있던 브론즈
기둥. 하늘 높이 뻗어 있어 그 존재감이 대단하면서 동시에
편안하고 차분하게 와닿았다. 김종성 건축가가 브론즈를
즐겨 쓰는 이유는 세월이 흐르고 손때가 묻으면서
점차 깊은 색을 내기 때문이다. 당시 힐튼은 분명 신축
호텔이었지만 그곳을 지은 사람들, 특히 김종성 선생이
바라본 것은 40년 후, 50년 후에도 그야말로 멋지게 나이
든 어른처럼 기품 있고 근사한 건물이었다.

박종선 소장이 언급한 곳은 1층 로비에서 대연회장으로 내려가는 이탈리아산 대리석 계단. "호텔이 완공될 즈음이었어요. 이탈리아 트래버틴은 벌레 먹은 것 같은 홈이 있는 것이 고유한 특징인데 현장에 있던 여러 사람이 붙어 그 홈을 메우고 광도 내자고 건의했어요. 그런데 현장에 오신 김종성 교수님이 본인이 원하는 건 새것처럼 반짝반짝한 것이 아니라 자연스럽게 기품이 묻어나는 것이라고 하더라고요. 바닥 청소도 하고 유지 관리도 잘하겠지만 자연스럽게 때도 끼고, 마모가 되는 걸 원한다고. 그 말씀을 듣고 광 내기를 엄청 열심히 하진 않고(웃음) 반광과 무광으로 작업했습니다."

지승준 소장이 말을 보탰다. "김 교수님은 상당히 꼼꼼한 분이에요. 5분의 1, 10분의 1 상세 도면에도 엄청 신경을 썼어요. 기본 설계를 할 때는 그렇게까지 꼼꼼하지 않아 보이지만, 이미 그 다음 단계에서 시공할 구체적인 디테일을 염두에 두고 있었어요. 힐튼 호텔의 아트리움 그랜드 계단의 부재 크기, 줄눈의 두께까지 다 정해 주셨어요. 트래버틴 계단의 끝부분이 직각으로 날카롭게 떨어지면 사람들이 다칠 수도 있고 향후 이가 빠지거나 깨질 수도 있으니 2mm 정도로 곡선을 줘 돌려 깎으라고 주문하셨습니다. 교수님은 청춘을 미국에서 보냈고, 그곳에서 당시 한국에 있던 건축가보다 훨씬 많은 걸 보고 배우고 느꼈지요. 덕분에 많은 공정과 건축적 요소를 적용하는 원칙이 있었고, 추구하는 성격과 디테일이 이미 정립돼 있었어요. 직원들에게 한 달에 한 번 세미나 형식으로 강의도 열심히 해주셨는데, 어떤 날은 계단 디자인 하나만 가지고 하루가 다 가곤 했죠. 그 정도로 매사에 완벽을 추구하는 분이셨어요."

박종선 소장의 생각도 다르지 않다. "당시에는 건축가가 대략 설계를 해주면 현장에서 상황에 맞게 보완하는 경우가 많았어요. 하지만 김종성 교수에게는 있을 수 없는 일이었지요. 선생은 현장에서 일어날 법한 문제를 미리 고민한 후 방법을 찾아줬어요. 디테일한 것까지 정해 주는 것은 물론이고. 그래서 우리가 일이 많았어요.(웃음) 다른 설계자라면 현장에 일임할 것도 일일이 다 체크하니까 토요일은 물론이고 일요일에도 나가서 일할 때가 많았지요. 대우의 힘도 있었던 것이, 당시 대우는 시공력이 좋았어요. 회사 내 엘리트들로 현장 팀을 구성했어요.

일반 현장에서는 비용이나 일정 문제로 설계 의도를 경시하는 경우가 많았는데 힐튼 현장에서는 용납하지 않는 분위기였어요. 우리도 잘못된 것이 보이면 바로 지적해서 수정을 요구하고. 공사 관리자가 나랑 고등학교 동기였거든. 개인적으로 친했는데 우리가 지켜야 할 것이 있다, 교수님 말씀이 이러하다, 하나하나 전달하며 일했어요. 김종성 교수님을 거의 신봉하듯 했지요. 맹목적이라고 할 만큼 우리는 목표에 온 애정을 쏟았어요. 우리끼리도 똘똘 뭉치고. 기본적으로 교수님을 존경하는 마음이 컸어요."

선생의 성품에 대해서는 인터뷰를 할 때마다 반복해서 비슷한 얘기를 들었다. 최고의 젠틀맨. 그런데 설계부터 완공까지 거의 5년이 소요된 초대형 프로젝트를 진행하면서 벼락 같은 화 한 번 안 낸다는 것이 가능할까? 한숨처럼 짜증을 낸 적이 정말 없을까? 답은 싱겁게도 "없다"였다. 박종선 소장이 증언하듯 말했다. "교수님은 정신적으로도, 육체적으로도 굉장히 건강하신 분이에요. 제 기억에는 화를 낸 적이 없어요. 불같이 화를 낸다? 선생님 성품에 있을 수 없는 일이지요. 화나는 일이 있으면 말없이 불편한 기색만 내비쳐요. 대화도 조용히 하시죠. 그럴 때는 우리도 바로 캐치하지. 아, 이건 지금 굉장히 기분 나쁘고 화가 나신 거다, 하고. 오래 경험한 사람들만 아는 분위기가 있었어요. 그야말로 젠틀맨. 다시 생각해 봐도 크게 화내는 모습을 본 적이 없네요." 공과 사를 엄격히 구분하는 모습도 기억에 선명하게 남아 있다. "교수님은 해외 출장도 많았어요. 그런데 관리 파트 쪽 직원들 이야기를 들어보면 공과 사가 아주 분명하셨다고 하더라고요. 이건 개인적 용무였으니 내 돈 내는 거, 하고 매번 정확히 구분 지으셨대요. 미국식 사고가 철저하게 몸에 배어 있는 거죠."

어떻게 그럴 수 있지 싶으면서도 두 사람의 말이 워낙 확신에 차 있어 수긍할 수밖에 없었다. 인터뷰의 말머리를 다시 힐튼으로 돌리자면, 머리와 심장을 맞대던 그 시절은 기술과 공법 때문에라도 치열했다. 힐튼 호텔 외관은 바둑판의 격자무늬를 거대하게 뻥튀기한 것처럼 보인다. 기본 골조만 잘 갖추면 무한 증식이 가능한 모듈처럼 심플해 보이지만, 이는 말처럼 간단하지 않다.

힐튼 호텔 외부는 알루미늄 커튼 월로

마감했다. 당시만 해도 철근콘크리트 건물 일색이어서 힐튼 호텔 외관은 완공과 동시에 전체적으로 세련된 인상을 풍겼다. 커튼 월은 건축물 외벽 시공법의 한 종류로, 하중은 그 안에 있는 기둥과 보의 골조가 담당하고 최종 외관 공간을 가로질러 막는 커튼 구실만 하기 때문에 이런 이름이 붙었다. 설명도 구조도 간단해 보이지만 빈틈없이 완벽하게 마무리하기란 쉽지 않다. 더구나 1980년대 초에는. "가장 큰 약점이 결로예요. 내부와 외부의 온도 차가 생기는 데다 알루미늄은 열전도율이 높아 결로가 생기지요. 이 문제를 해결해 주는 장치가 단열재의 한 종류인 열교 차단재thermal braker예요. 열교환이 일어나는 부재와 부재 사이 연결 부위에 열전도율이 낮은 이 장치를 넣어 결로를 방지하고 단열 효과는 높이는 겁니다. 알루미늄 커튼 월 작업은 효성에서 맡았어요. 김 교수님이 커튼 월에 들어가는 자재와 구조를 다 일일이 스케치하고 체크했는데, 당시에는 국내에서 그걸 완벽하게 만들 수 있는 기술이 없었어요. 미국의 플라워시티라고 알루미늄 커튼 월 전문 기업이 있는데 이곳에서 기술을 전수받아 결로 방지며 한국에는 없는 디테일을 접목할 수 있었지요. 효성에서 시제품을 만들면 그걸 미국으로 가져가 검증받는 시스템이었어요. 지금은 알루미늄 커튼 월을 적용한 건물이 많지만 당시는 그렇지 않았어요. 있더라도 스틱 커튼 월 시스템이 대부분이었고요. 이런 시도를 통해 관련 기술이 발전할 수 있었습니다."

스틱 커튼 월 시스템과 유니트 커튼 월 시스템은 각각 특징이 다르다. 스틱 커튼 월 시스템은 현장에서 프레임과 유리를 설치하는 공법으로 시공비가 저렴한 대신 정밀도가 떨어지고, 유니트 커튼 월 시스템은 유리와 프레임의 외벽 유니트를 공장에서 제작해 현장에서 조립하는 공법으로 안정적이다.

힐튼 호텔이 세워지던 시기의 대한민국

힐튼 호텔 옆에 있는 카지노 건물은 힐튼 호텔 본관이 완공된 후 들어섰다. 세계은행IBRD과 국제통화기금IMF이 3년에 한 번 해외를 돌며 연차 총회를 개최하는데 전두환 정권 시절 대규모 국제 행사를 유치하게 되면서 당장 이를 수용할 만한 공간 확보가 미션으로 주어졌다. 재무부를 주축으로 한 '윗선'에서 김우중 회장에게 내용을 전달했고 바로 태스크 포스task force(특수 목적을 위해 만들어진 임시 조직, 군대 용어에서 유래한 말)가 꾸려졌다. 재무부에서 고참 사무관이 팀장으로 나오고 속전속결로 팀을 만든 것이다. 1985년 10월 당시 신문 기사에는 이 행사에 대해 크게 보도했음을 알 수 있다. "제40차 세계은행, 국제통화기금 연차 총회가 한국에서 열렸다. 건국 이래 가장 큰 국제 행사로 147개국에서 8,000명의 인사가 서울을 찾았다." 주차빌딩 상부에 설치한 대회의장은 가건축물로 허가를 해서 원래는 총회를 치르고 철거할 계획이었는데 한국관광공사에서 외국인 관광객 유치와 오락을 목적으로 부지를 임대해 카지노로 사용하면서 존치됐다.

보이지 않는 것들에 대해서도 이야기를 들을 수 있었다. 힐튼 호텔을 설계하고 시공하는 동안 대한민국은 정치사적으로도 격변의 시기를 지나왔다. 설계를 시작한 때는 박정희 정권, 공사를 한창 진행하고 완공한 때는 전두환 정권이 나라를 통치하고 있었다. 군부 정권 시대인 데다 대북 관계도 불안할 때라(지금도 그렇지만) 고층 건물 옥상에는 대공 초소를 설치하게 되어 있었다. 실제 롯데 호텔에는 대공포를 설치한 초소가 있었다고 한다.

서울 방위가 그 목적으로, 병사들은 이곳에서 숙식하며 복무를 했다. 지승준 소장은 '포를 쏠 구조물까지 다 만들어놨다'고 했다. 대공 초소는 힐튼 호텔에도 있었는데 시설물과 구조물은 엄연히 존재하지만 설계도에는 나와 있지 않다. 국가 기밀이니까.

위엄 있는 분위기의 대연회장도 기억에 남는다. 주차장에서 리프트를 타면 그랜드 볼룸으로 바로 이어졌는데 대우자동차의 신차 발표회까지 염두에 두고 만든 시설이었다. 장밋빛 미래를 꿈꾸며 만든 시설이지만 봄날은 오래가지 못했다. 대우자동차는 2002년 최종 부도 처리됐고 이 과정에서 승용차 부문은 한국GM, 버스 부문은 자일대우버스, 트럭 부문은 타타대우상용차로 분할 매각됐다. 대우의 영광으로 힐튼의 영광이 시작됐고, 대우의 몰락과 함께 힐튼의 쇠락도 이어졌다는 것이 호텔 전문가들의 공통된 의견이다.

온 마음을 다해 지은 힐튼 호텔이 더 이상 존재하지 않는 지금, 두 사람은 허전하고 아쉽다. 시대의 흐름, 건축주의 권리를 이해하면서도 꼭 허무는 방법밖에 없었을까, 미련이 남는다. 미국에 있는 김종성 선생과도 연락도 하고 한국에 왔을 때도 머리를 맞대 보지만 모든 권한이 상대방에게 있어 딱히 방도가 없다.

"설계를 하며 사무실에서 2년 반, 현장에서 2년 반을 일했어요. 각자 맡은 일이 있었지만 하나의 건물을 올리는 작업이니 맞물려 돌아가는 유기체처럼 서로 이야기도 많이 했습니다. 그렇게 완성한 건물이다 보니 어느 때는 여기가 내 집이다, 그런 생각까지 들어요. 지인들과 한 번씩 이곳에서 밥을 먹을 때도 그런 생각을 했어요. 마음이 좋았지요. 힐튼 호텔에서 집안 행사도 많이 했는데, 그럴 때는 "얘들아, 아빠가 이거 지은 거야" 하고 말해요. 정작 애들은 시큰둥하지만(웃음) 나로서는 애착이 크지. 세계적으로 유명한 건축가 중에서도 호텔 프로젝트를 한 사람은 아주 드물어요. 큰 운이 따라주지 않으면 못 해보는 거죠. 힐튼이 완전히 없어지면 인생의 한때도 사라지는 겁니다. 아쉽습니다." 박종선 소장의 말이다.

지승준 소장은 힐튼 호텔과 함께한 경력 덕분에 이후에도 커리어를 탄탄하게 쌓을 수 있었다고 했다. "힐튼 프로젝트를 끝내기도 전이었는데 이곳저곳에서 러브콜이 들어왔어요. 이 프로젝트에 참여한 사람을 보내달라고 클라이언트들이 요구를 하는 거예요. 순전히 힐튼 호텔의 후광이었습니다. 힐튼을 시작으로 호텔을 여러 곳 했어요. 홍은동 스위스 그랜드 호텔도 하고 경주 힐튼 호텔도 대우 사업으로 참여하고. 김우중 회장이 '세계 경영'을 외칠 때 현지 진출의 교두보로 생각한 것이 호텔 사업이었습니다. 그렇게 베이징에서도, 옌볜에서도 호텔 건립에 참여했지요. 대우가 힘들어지면서 성과를 보기 전에 중단된 사업도 있고요. 힐튼 호텔은 앞으로도 특별한 기억으로 남을 거예요. 다들 열심히 했고, 시간과 인력도 충분히 썼지요. 대학을 졸업하고 대우건설과 인연이 닿고 서울건축에서 김종성 교수님과 함께 힐튼 프로젝트에 참여하게 됐는데, 지나고 보니 그 시절이 평생에 있을까 말까 한 행운이었어요. 힐튼 호텔은 언제까지나 특별한 기억으로 남을 겁니다."

시카고에서

있었던 일

대우 설계팀 민병욱

앞서 소개한 지승준 호텔 마스터에게 민병욱 소장에 관한 이야기를 들었을 때부터 이분에게 듣는 힐튼과 김종성 선생에 관한 이야기가 얼마나 흥미로울까 기대됐다. 어느덧 중년이 됐지만 민병욱 소장은 김우중 회장이 남산 아랫자락에 힐튼 호텔을 세우겠다고 결심한 후, 김종성 선생을 도와 초안을 잡으라고 선생이 있는 미국 시카고로 보낸 '특파원'이었기 때문이다. 영광이기도, 부담이기도 했을 미션을 위해 그가 비행기를 타고, 선생과 7~8개월간 같은 시간대에 살며 머리를 맞댔을 모습이 그려졌다. 힐튼은 태동기에 어떤 모습이었을까? 선생은 또 어떤 분위기의 사람이었을까?

민병욱 소장과의 인터뷰는 퇴계로에 있는 내 사무실에서 진행했다. 대화의 순서를 살짝 바꿔 그가 시카고에 머물던 기간을 먼저 말하자면 '1977년 말부터 1978년 가을 사이 약 7~8개월간'. 이렇게 연도와 계절을 정확히 기억하는 분을 만나면 어떻게 이리 기억력이 좋을까 싶어 놀라면서도, 정확한 숫자가 바로 튀어나온다는 건 그 시절이 본인에게 그만큼 유의미하기 때문 아닐까 싶다.

"당시 교수님은 일리노이 공과대학에 재직 중이셨어요. 서울에 와서 일하기는 사정이 여의치 않으니 김 교수님 스튜디오로 대우의 설계 파트 쪽 직원이 가서 시작하면 좋겠다고 이야기가 됐습니다. 시카고에 에번스톤이라는 동네가 있어요. 노스웨스턴 대학교가 있는. 바로 그 대학교 옆에 교수님이 사시는 집과 스튜디오가 한 건물에 있었어요. 저는 그 근처 아파트를 얻어 출퇴근하면서 일했지요. 설계 단계 중에 스키매틱schematic이라고 있어요. 기본 개념을 설정해서 어떤 규모로 어떻게 지을 건지 프로젝트의 기획이나 계획을 세팅하는 과정이지요. 그다음이 기본 설계로 구조적인 디자인이며 설비, 인테리어를 어떻게 할지까지 논의해요. 스키매틱 설계는 다시 디자인 디벨롭 1과 2로 나눌 수 있는데 디벨롭 1이 방금 말한 것들이고, 디벨롭 2에서는 실내 분위기며 외부 조경 문제까지 논의합니다. 대우에서는 저와 팀장님이 함께 갔고, 거기에서 디자인 디벨롭 1까지 끝내고 왔다고 보면 됩니다."

그 자리에서 결정하고,
한번 정한 것은 쉽게 바꾸지 않고

대우 직원들이 미국으로 날아간 건 힐튼 인터내셔널과도 긴밀하게 협업해야 했기 때문이다. 힐튼 본사는 뉴욕에 있었는데 많은 전문가가 이 프로젝트에 투입되면서 1~2주 동안 시카고에서 정리한 일을 들고 뉴욕으로 날아가 회의를 했다. 거기서 나온 내용을 2~3주간 또 열심히 반영해 다시 뉴욕으로 날아가고…. 이 과정을 네댓 번 반복하며 큰 줄기와 디테일을 잡아갔다. 모든 것이 빠르게 구체화됐다. "하루하루가 대단한 경험이었어요. 힐튼 인터내셔널이란 조직이 굉장한 곳이더라고요. 전 세계에 수백 개 호텔을 만들고 운영한 경험이 있는 조직이라 방향 설정을 정확하게 해줬어요. 프로젝트 미팅을 하면 파트별로 꼭 2명씩 참석했어요. 한 사람이 휴가를 가거나 이직하면 업무에 공백이 생기니까. 우리는 혼자서 다 알고 싶어 하는데(웃음) 그곳은 그런 게 없었어요. 아, 이런 게 미국의 지혜구나 싶었지요. 다 모이면 20명 정도 됐고, 좌장은 마이 체어맨이라고 부르는, 모든 것을 총괄하는 사람이었어요. 아시아 지역 담당자는 안 왔는데 막히는 게 있으면 전화나 팩시밀리로 바로바로 물어봤어요. 상당히 합리적인 게, 결정을 안 미뤄요. 다 모이기 힘드니까 그 자리에서 머리를 맞대고 결정을 해요. 그렇게 한 결정은 웬만한 큰 이슈가 아니고는 바꾸지 않고요. 우리나라는 정권이 바뀌면 다 바뀌잖아요. 그런데 미국 사람들 생각은 당시 최고 전문가들이 합심해서 결정한 걸 바꿀 이유가 없는 거예요. 미팅 중간에 비서 같은 분이 내용을 다 타이핑하더라고. 회의가 끝나고 잠시 여담을 나누고 있으면 미팅 리포트가 완성되고, 그 자리에서 다 사인을 해요. 그러니 쉽게 못 바꾸지요. 바꾸려면 일일이 다 사인을 다시 받아야 하니까. 모든 프로세스에 시간 낭비가 없었어요.

프로젝트를 진행하다가 더 좋은 아이디어가 있을 수도 있는데, 그럴 때는 '다음 프로젝트에 하자', '그 아이디어는 다음 프로젝트에 반영하겠다' 이런 분위기였죠. 굉장히 인상적이었습니다. 그런 식으로 복잡했던 것들이 하나둘 자리를 잡아갔어요. 당시 힐튼에서 책자를 줬는데 호텔 플래닝 가이드라인이었어요. 그들이 단독으로 만든 대외비 책이었지. 특수해particular solution는 아니고 제너럴 솔루션general soluton이었는데 그 가이드라인이 굉장한 버팀목이 됐어요. 나이가 들어 생각해 보니 설계는 점치는 거야. 점쟁이랑 비슷해요. 왜냐하면 장차 일어날 일을 내다보고, 이 건물이 잘 쓰일 것인지 판단하고, 그것을 바탕으로 어떻게 할 것인지 생각하는 거잖아요. 미래에 벌어질 일을 앞당겨서 지식 많고 경험 풍부한 사람들이 점을 치는 거예요. 그렇게 경험 많은 조직이 윤곽을 잡아주니까 얼마나 든든해요. 미국이 왜 강대국인지 알겠더라고요. 그런 미팅이 젊은 나에게는 굉장히 큰 도움이 됐어요. 인류가 나아갈 방향이 이런 게 아닐까 하는 생각까지 들었지요."

김종성이 지휘하고, 미국인들이 실행하고

이런 이야기를 들으면 김종성 선생과 민병욱 소장이 한국 대표단 같고, 그들과 마주 앉은 이들은 자신들의 이익을 극대화하기 위해 모든 전략과 노하우를 동원하는 사람들 같다. 기세나 실력이 없으면 그들에게 바로 휘둘릴 것 같은. 그들이 김종성 건축가를 어떻게 생각했고, 김종성 건축가는 또 어떻게 이 만만찮은 회의를 이끌어갔을까 궁금했다. "김종성 교수님이 무시를 당할 수가 없었어요. 오히려 엄격하게 존중을 하지요. 김 교수님이 프라임 아키텍트이면 그들은 어시스트턴트예요. 미국은 그런 구분이 명확하고, 그 위치를 확실하게 받아들입니다. 회의에서 결정된 사항은 두말 않고 존중하듯이, 회의에 참석한 사람들이 각자 다른 생각을 갖고 있어도 '지휘자'가 그렇다고 하면 끝나는 거예요. 힐튼 인터내셔널에서 추천한 건축가가 회의에 참석했는데, 그 사람은 김 교수님 표정이나 생각을 살펴 힐튼 인터내셔널 사람들에게 더 구체적으로 설명해 주었어요. 우리와 힐튼 사이에서 브리지 역할을 하는 거지요. 힐튼이 전 세계에 100곳이 있다면 40곳의 설계에 관여했을 만큼 내부적으로도 상당히 권위 있는 사람이지만 본인의 의견을 강요하거나 밀어붙이지 않더군요. 그저 의견을 낼 뿐이죠. '이렇게 하자!'라고 절대 얘기 안 해요. 다른 나라에서는 현상 설계에 당선된 프로젝트가 있어도 그대로 짓는 법이 거의 없지요. 많은 사람이 한마디씩 거들어 설계도에는 네모였던 건물이 결국 둥근 건물이 되고 맙니다. 건축가의 성격을 찾아볼 수 없는, 원만한 건물이 되고 말지요. 하지만 미국은 그런 게 없어요."

호텔 건축을 넘어
양동재개발사업과 도시정비사업

민병욱 소장이 대우 개발부 설계실에 입사한 때는 1976년이다. 정확하게는 7월 9일. 평생 설계를 하고 싶다는 포부가 있었다. 당시 대우 개발부 설계실은 약 30명이 3개 부서로 나뉘어 일하고 있었다. 한 부서는 스트럭처 디자인이고, 나머지 두 부서는 아키텍추얼 디자인. 민병욱 소장은 아키텍추얼 디자인 소속이었다. 당시 대우는 큰 회사가 아니었지만 근무 환경은 좋았다. 회사의 주력 사업이던 무역이 활황기를 맞으면서 중공업

분야에 진출했고, 이내 무기 제조를 하는 방산 사업까지 시작했다. "당시 박정희 대통령 시절이었는데 우리가 자주 국방도 못해서 되겠느냐, 무기를 좀 만들자 해서 대우중공업에 관련 사업을 추진하라고 지시한 걸로 알아요." 민병욱 소장이 입사해서 처음 한 일이 무기 공장 설계였다. 말은 그럴싸했으나 기술 대부분을 일본에서 얻어 오는 구조였다. 공장 레이아웃도, 어느 기계를 어디에 놓을지도 모두 일본에서 결정했다. 이후에는 울산의 화력발전소 설계를 시작했다. 하루하루가 역동적으로 돌아갔다. 당시 근대화는 정부가 드라이브를 걸어 이뤄졌다. 정부가 설계를 하면 기업들이 그걸 받아 추진했고, 부족한 것이 있으면 금융업계가 도와줬다. "당시 젊은이들은 기분이 좋았어요. 다 술술 잘 돌아가니까. 대우도 그런 젊은이 같았지요. 막 팽창하는 사회처럼 대우도 하루가 다르게 몸집을 불려나갔습니다. 회사가 커지니까 입사한 지 2년도 안 돼 과장대리를 달고 또 몇 년 안 돼 과장을 달았어요. 사세가 뻗어나가니 승진을 못 할 수가 없지요. 굉장히 재미있었습니다. 시동이 잘 걸리네, 싶었지요. 재미있게 일했습니다."

당시 대우의 목표는 단지 호텔 하나 짓는 게 아니었다. 양동재개발계획과 도시정비사업을 함께 추진하면서 그 자리에 호텔을 세우겠다는 포부. 민병욱 소장의 말에 따르면 양동은 힐튼 호텔 뒤편으로, 오갈 데 없는 사람들이 잠을 자고 여자들이 손님도 받는, 근방에서 가장 큰 사창가였다. "대우센터도 그곳 가까이 있었어요. 서울역에서 대우센터를 바라보면 오른쪽에 남대문경찰서, 왼쪽에 삼주빌딩이라는 오피스 빌딩이 있었어요. 그 뒤에 남대문세무서가 있고. 양동 전체를 빙 둘러 도로가 나 있었는데 그 일대를 정비해 도시 사업까지 진행하는 것이 애초의 목표였습니다. 그런 전체 흐름의 일환으로 힐튼 호텔을 짓고자 했고, 호텔을 양동재개발사업의 얼굴마담으로 삼자는 분위기였지요. 악화가 양화를 구축한다고 하잖아요. 양동 일대를 정비하면서 양화가 악화를 구축한다는 걸 알았어요. 일대가 개발되고 도로도 깨끗해지자 유곽 상권이 스스로 떠나더라고요. 장사가 안 되니까. 그런 노력으로 서울의 '어두운' 부분이 많이 사라졌어요. 아래쪽에 있는 양동과 힐튼 호텔 정문의 높이 차가 약 20~25m 나요. 위로는 남산순환도로와 남산이 있고, 아래로는 남대문이 자리하고. 남산순환도로로 하얏트 호텔과도 연결되죠. 입지가 무척 좋았지요. 계획이 구체화되면서 대우트리아드개발이라는 회사를 만들어 외국 자본 유치를 시도하고 계획안도 만들었습니다. 그러다 미국에 있는 김종성 건축가에게 의뢰하자고 정책적으로 결정한 거죠."

미스 반데어로에 제자들이 일하는 방식

김종성 건축가가 있는 시카고로 날아가 그와 함께 도면을 그리고 각각의 공간을 입체화한 작업은 많은 부분에서 놀랍고 신기한 경험으로 남아 있다. "그 양반이 놀라운 게, 우리는 이렇게 저렇게 한 계단씩 밟아 올라가며 설계하는데, 그분은 처음부터 끝까지 다 생각해 놓고 하나씩 증명해 가면서 완성시키는 거예요. '그 생각이 맞나?', '그 공법이 맞나?' 증명하면서 설계를 완성해요. 우리는 작은 것, 부분적인 것에서 시작하는데 그분은 위에서 전체를 다 내려다보고 있는 거죠. 그런 분이 있으니까 우리는 아주 신이 났지. 한국에서는 2명밖에 안 갔기 때문에 정말 열심히 했습니다. 교수님 일을 도와주던 한국계 미국인들도 사무실에 와서 일손을 보탰어요. 교수님이 '너희가 좀 도와줘라' 하신 거죠. 그때는 뭐가 뭔지 몰랐는데 지금 생각하면 미스 반데어로에가 중심이 된 학교, 그곳에서 수학한 사람들이 일하는 방식이었어요. 그 방식의 옳고 그름을 떠나 굉장히 상세하고 구체적으로 문제를 풀어나가지요. 예를 들어 건물에서 중요한 부분이 있으면 보통 10분의 1이나 20분의 1 혹은 50분의 1로 크기를 줄여 도면을 그리고 '실제로는 이럴 거다' 마음속으로 뻥튀기해 생각하는데 이 사람들은 그 부분을 1:1로 그려요. 아주 복잡한 것까지 다 펼쳐놓고 하나씩 다 증명하고 넘어가고요. '이 부분은 이럴 거야' 하면서 대충 넘어가지 않죠. 그런 정확성이 미스 반데어로에나 김 교수님이 추구하는 바가 아니었나 싶어요."

그런 프로세스와 스터디는 건물 외관을 결정하는 데도 똑같이 적용됐다. 힐튼 호텔은 알루미늄으로 멀리언mullion을 세워 외관을 디자인했는데(멀리언은 커튼 월 구조의 건물 벽에서 보 역할을 하는 문설주 같은 것으로, 멀리언 구조는 창틀 또는 문틀로 구획된 개구부를 세로로 세분하는 부재를 일정한 간격으로 배열하는 방식을 의미한다) 그

간격과 깊이는 그 자체로 수학이자 공학이다. “멀리언은 이를테면 겉옷이에요. 건물 라인을 따라 크게 돌출되어 있기 때문에 외관에 큰 영향을 미칩니다. 보통 건물은 외관을 스트라이프로 하지, 그럼 그것으로 끝이에요. 하지만 힐튼은 얼마나 더 돌출되게 하고 간격은 또 얼마나 줄지, 프로젝트 초기부터 많이 고민했어요. 머릿속으로 이미지 업을 하는 게 아니라 도면을 1:1로 그려 스케일과 비율을 일일이 눈으로 다 확인하고요. 아까도 말했지만 그런 과정을 거치기 때문에 일단 결정하면 안 바꿔요. 그만큼 신중하게 했으니까.”

외관뿐 아니라 설비 단계에도 선진 기술과 노하우가 집약됐다. “천장이 있으면 그 안으로 실링 하이트라고 해서 전기선을 포함한 이런저런 설비 구조 시스템이 많이 들어가지요. 그런데 이 공간을 철두철미하게 계획해서 사용하는 경우가 별로 없어요. 뜯어보면 쓸데없이 낭비한 공간이 어마어마하죠. 힐튼은 이 공간을 최대한 효율적으로 활용할 수 있도록 설비 구조 시스템을 면밀히 검토했는데, 이는 굉장히 의미가 있어요. 버리는 공간이 없어 건물 전체의 효율성이 엄청 좋아지거든요. 투자 대비 공간 가용 지수도 훌쩍 올라가고요. 또 중앙 기계실에는 냉열원 기기와 펌프류가, 각 객실에는 냉수와 온수를 코일로 보내 공기를 차갑게 하거나 따뜻하게 하는 공기 조화 장치인 팬 코일 유닛fan coil unit이라는 게 있어요. 보통 호텔은 이 장치가 복도 쪽에 있는데, 복도에 설치하면 그곳으로 팬 코일 유닛이 지나가면서 설비 시스템이 비대해지기 때문에 힐튼은 객실 창가에 붙였지요. 힐튼에서는 복도 끝이 아니라 중심부 밑에서 수직으로 올라오니까 그런 낭비 없이도 설비에 문제가 안 생기고요. 힐튼 호텔이 완공된 1980년대 초를 생각하면 너무나 체계적이고 효율적인 방식이죠. 획기적이라고 봐야지. 요즘에도 이렇게 주도면밀하게 설계하는 경우는 많지 않아요. 설계하는 자세도 다르지만 사회가 요구하는 것이 없기 때문에도 그럴 거예요."

우리의 건축 기술도 함께 성장하다

민병욱 소장은 힐튼 건립이 한국의 건축 기술에도 긍정적 영향을 많이 끼쳤다고 강조했다.

"힐튼에서는 건물 바깥 벽 구실을 하는 커튼 월이

중요했는데, 이걸 외국에서 그냥 수입할 것인지 한국에서 우리 기술로 한번 만들어볼 것인지 논의가 있었어요. 후자로 결론이 났고, 미국의 기술력 있는 회사와 한국의 효성이 손잡고 이를 만들어냈습니다. 이를 계기로 한국의 커튼 월 제작 기술이 크게 발전했다고 봐야 해요. 한국 커튼 월의 역사를 쓴다면 그때가 시발점이랄까. 외국 기술력을 도입해 한국 기술로 만들었으니 사회에도 공헌한 바가 크죠. 당시 한국의 유리 생산 능력이 떨어져 외국에서 수입할 판이었는데 그 역시 모두 한국에서 만들었습니다. 그런 면에서 힐튼은 의미가 굉장히 큰 건물이에요. 이대로 사라지기에는 아쉬운 부분이 많지요."

이야기는 돌고 돌아 많은 직원 중 민병욱 소장이 회사 대표로 뽑혀 미국으로 날아가게 된 경위에 이르렀다. "제가 운이 좋아요. 당시 회사에서 병원 프로젝트에 투입됐어요. 대방동 쪽에 있는 한강성심병원 설계 건이었지요. 일할 준비를 하고 있는데 어느 날 동료가 찾아와서 미안하지만 그 프로젝트는 자기가 해야겠다고 하더라고요. 그 눈빛이 너무 절실해서 '그래, 네가 해라' 했어요. 저와 나이는 비슷하지만 군대를 안 가서 입사는 조금 빨리 한 친구였는데 병원을 그렇게 하고 싶어 하더라고요. 다음 날 출근해서 저는 힘들어서 못하겠다고 이야기했습니다. 그다음 프로젝트로 힐튼 호텔이 떴는데 마침 손도 비어 있고 해서 열심히 준비했지요. 서울에 짓게 될 호텔인데 미국에서 초안을 잡아야 한다고 해서 미국까지 날아갔고요. 힐튼 호텔 설계 경력은 이후에도 제게 큰 자산이 됐어요. 그 경험을 보고 다른 호텔 프로젝트 설계도 많이 들어왔지요. 그렇게 김 교수님을 모시고 해운대 파라다이스 비치 호텔도 하고 홍은동 스위스 그랜드 호텔도 설계했습니다."

굉장히 부드럽고 정확한 분

미국과 한국에서 김종성 건축가와 보낸 나날은 즐거움과 배움으로 충만한 시간이었다. "김종성 교수님은 굉장히 부드러운 분이에요. 다정다감하시죠. 아들 하나, 딸 둘이 있는데 딸 중 하나가 설계를 하고 있을 거예요. 당시 한국에서 설계하던 분들은 밤을 새워가며 일했어요. 될 때까지 하는 거지. 내가 이기나 네가 이기나 어디 해보자, 오기를 부리는 거예요. 그런데 김종성 건축가는 그런 타입이 아니에요. 시간 되면 하던 일 딱 접고, 아랫사람에게도 그런 야근을 강요하지 않습니다. 화를 낸 적도 없고, 시간에 쫓겨 직원을 보채는 경우도 없어요. 오늘은 여기까지 하고 싶다, 미리 계획을 잡고 그 지점까지 가면 거기서 끝내요. 밤을 새우면 다음 날 지장이 있으니까. 시간 컨트롤을 그만큼 잘해요. 교수님은 담배도 안 피웁니다. 특이했지. 어떻게 설계를 하는데 담배를 안 피울 수 있나 싶었습니다.(웃음) 직원들에게도 시간 관리 잘하라고 강조했고, 무슨 일이 어떻게 돌아가고 있는지 한눈에 볼 수 있도록 타임 시트를 쓰게 했어요. 나중에 그 자료를 보면 프로젝트 규모에 따라 시간이 얼마나 걸리는지 딱 알 수 있지요. 1980년대 한국에서는 낯설고 신기한 조직 운영이었습니다. 교수님의 능력이 출중하기도 했어요. 나중에 보니 큰 것과 작은 것이 모두 머릿속에서 맞물려 돌아가고, 일사불란하게 정리가 될 만큼 능력 있는 분이었어요. 이렇게 표현하는 게 어떨지 모르겠지만, 건축물이 완성됐을 때 가장 놀라는 사람이 건축가예요. 머릿속으로 상상하던 것과 달라서.(웃음) 저도 그런 경험이 많지요. 머릿속에서는 2D가 돌아가는데 실제로 나오는 건 3D잖아요. 보통 사람들은 이렇게 설계를 해요. 일단 동그라미를 대충 그리고 눈, 코, 입, 헤어스타일을 하나씩 정리해 나갑니다. 큰 붓을 먼저 쓰고 나중에 작은 붓을 쓰는 셈이지요. 김 교수님은 물론 큰 그림도 그리지만 설계 단계에서부터 눈은 이렇게 생기고, 코는 이 모양이어야 하니 입은 이 형태가 어울리겠고 하면서 모든 것들을 세세하게 그려나갑니다. 기둥과 기둥 사이의 간격은 7.8m로 한다, 커튼 월 멀리언 간격은 2분의 1인 3,850mm로 하고, 그것의 2분의 1인 1,950mm를 모듈로 하는 식으로 모든 공간의 단위까지 정확히 수립하면서 설계하는 겁니다. 다른 사람들의 설계 방식이 연역적이라면 그의 방식은 귀납적이지요. 그렇게 철두철미하게 계산하니까 아름다운 비례와 균형을 갖춘 건물이 나오는 거라고 생각합니다."

김종성 건축가가 추구하고 중시한 가치는 무엇이었을까? "실용적 미려함이 아닐까 싶습니다. 아름답기만 하고 편리하지 않은 건 용납 못 하실 거예요. 기능성과 편리함은 기본이고, 아름답기까지 해야 진정 좋은 거라고 생각하지요. 아름다운 디자인뿐 아니라 편리함이나 기능성의 완성도도 많이 따졌어요. 어떤 아이디어를 내면 그것을 실제로 구현했을 때 얼마나 편안하고 자연스럽게 스며들지 체크했지요. 실물로 잘 만들 수 없다면 아무 소용 없다고 생각하셨습니다. 도면을 그릴 때도 그런 것들을 하나씩 증명해 나가면서 완성했지요. 호텔을 지을 때는 특히 기능에 대한 탐구가 중요해요. 스페이스 프로그램이라고 해서 어떤 기능이 있는 룸들이 어떤 크기와 조합으로 프로그래밍됐을 때 건물 전체가 원활하게 잘 돌아간다는 규칙이 있습니다. 따라서 면적 배분이 무척 중요하지요. 이런 것들을 실수 없이, 완벽하게 해내기 위해 당시 먼저 세워졌던 롯데 호텔, 워커힐 호텔, 하얏트 호텔의 도면을 구해서 철저히 분석했어요. 각 공간의 기능과 프로그램의 장단점을 일일이 따져보고요. 힐튼은 그런 공간 구성이 잘 짜이고 비례가 잘 어우러진 사례라고 할 수 있습니다."

김종성 건축가의 한 시절을 증명하는 호텔이 작년 말, 간판을 내렸다. 그곳이 어떻게 변화하고 바뀔지 아직 청사진으로 나온 것은 없다. 각자의 입장과 포부, 계획과 한숨만 있을 뿐이다. 민병욱 소장의 목소리는 이것과 저것 사이에 있다. 균형 감각을 잃지 않아 더 설득력 있고, 그래서 더 안타깝기도 하다. "건물은 부수려고 짓는 겁니다. 언젠가는 부서지지요. 200년 후가 될지, 100년 후가 될지 모르지만요. 수명을 다해 부서질 수밖에 없는 것이 모든 건물의 운명이지만, 힐튼 호텔은 여러 가지 다른 이유로 너무 일찍 부서지는 거예요. 다른 관점에서 보자면 이런 현실 자체가 2022~2023년의 한국을 말해 주는 것이기도 해요. 한국 사회가 어디로 흘러가고 있는지를 보여주는 겁니다. 힐튼 호텔 부지가 상업 지역인데 그곳에 호텔만 덩그러니 있는 게 아니라 더 크게, 더 밀도 있게 개발해야 한다는 디벨로퍼들의 판단과 사회의 니즈도 있는 거지요. 그런 팽창의 요구로 호텔이 무너지는 거고요. 1980년부터 약 40년의 흔적이 깃든 곳인데 곧 사라지게 되어 많이 허망하지요. 재산권을 행사하는 것이니 어쩔 도리가 없지만, 모쪼록 우리 기술이라든지 건축의 역사 등 여러모로 시금석이 된 힐튼 호텔의 모습을 디지털로든 모형으로든 잘 기록해 간직했으면 좋겠습니다. 그래서 한국 건축사의 이정표인 건물이 우리 모두의 기억에 오랫동안 남아 있길 바랍니다."

모든 것이
선진이었던 호텔

힐튼 호텔 개관준비팀 김창석

타고나길 이야기를 재미있게 하는 사람이 있다. 마디마디 구체적이고 비유도 딱 맞게 적확해서 귀에 쏙쏙 들어오는 말. 김창석 호텔 컨설턴트는 하얏트 호텔에서 일하다 힐튼 서울에 전격 스카우트되어 2년 남짓 개관준비팀 소속으로, 프런트에서 근무했다. 그의 이직 스토리로 이야기를 시작한다.

"1982~1983년에 하얏트 호텔에서 일했어요. 하루는 사우디아라비아 왕자가 체크인을 한대요. 당시 로열 스위트 1박 숙박료가 500만 원이었어요. 총지배인이며 사장까지 난리가 났죠. 하얏트 본사에서도 최고 VIP라며 연락이 오고. 식기까지 다 바꿔가며 손님을 맞았어요. 하루는 오후에 근무하고 있는데 그 왕자라는 분이 1층으로 내려와 끙끙 앓는 거예요. 뭐라 뭐라 하는데 직원들은 못 알아듣고. 지금이야 인터넷으로 검색하면 바로 알 텐데 그때 그런 게 어딨어요. 어쩌다 나랑 맞딱드리게 돼서 들어봤더니 "다이퍼, 다이퍼" 하더라고. 기저귀를 찾는 거예요. 하기스.(웃음) 애를 데리고 왔는데 기저귀가 필요했던 거지. 한국에는 아직 하기스가 없다고 했더니 깜짝 놀라. 당시에는 쌍용제지에서 노란 고무줄이랑 같이 나오는 패드밖에 없었거든. 그러면 그거라도 달라고 하더라고. 호텔에 기저귀가 어디 있겠어요. '미안한데 없다, 하지만 약국에 있다, 나랑 같이 가자' 하고 약국으로 데리고 갔지. 거기까지 가는 데도 일이 많았어요. 밤이어서인지 택시가 안 잡히더라고. 그 모습을 외출했던 장기 투숙객 브로스 씨(M Broz, 주한 미군

해병대 간부였다)가 보고는 나랑 왕자를 본인 차에 태웠지. 그랬더니 왕자가 나를 가리키면서 '이렇게 친절한 애는 처음 봤다. 팁은 이런 사람한테 줘야 한다. 꼭 주고 싶은데 1,000달러 정도면 되겠냐'고 묻더라고. 그 말을 듣고 깜짝 놀랐지. 그때 내 월급이 40만 원이었거든. 근데 더 놀란 건 브로스 씨가 '저 친구에게 돈은 안 통한다. 그리 고맙거든 돌아가서 본사에 편지나 한 통 써줘라.' 그런 거야. 그런데 이 왕자가 돌아가서 하얏트 대표에게 진짜 편지를 쓴 거예요. 두 달쯤 지났나, 총지배인이 CS가 누구냐고 묻고 다니더라고. 내 이름이 김창석이라 CS라는 영어 이름을 썼거든. 그때 간이 덜컹 내려앉았어요. 근무지 이탈 같은 건으로 잘리나 싶어서.(웃음) 알고 봤더니 그 기저귀 건으로 본사에서 연락이 왔고, 이를테면 치하 같은 걸 하려고 나를 찾은 거지. 원하는 게 뭐냐고 묻길래 월급 인상이라고 얘기했지. 그때가 월급 협상 시즌이었거든. 오케이! 근데 약속을 안 지키더라고. 그때 힐튼에서 러브콜이 온 거예요. '에이, 가자!' 하고 옮긴 거지."

기회와 재미가 넘쳐났던

그 시대의 블루오션

일명 사우디아라비아 왕자와 기저귀 사건으로 늦게나마 그의 동료들은 월급 인상 혜택을 받았고, 정작 가장 큰 혜택을 받았어야 할 당사자는 다른 호텔로 직장을 옮겼다. 그의 호쾌하고 박진감 넘치는 이야기를 듣다 보니 당시 5성급 호텔은 잘만 하면 팁도 많이 받고 회사 다닐 맛도 나는 블루오션이 아니었을까 싶다. 시대는 바뀌고, 그에 따라 도시도 바뀌고, 또 그에 따라 사람들의 삶과 직업도 달라졌다. 5성급 호텔에서 제자리를 찾기 위해서는 영어가 필수였다. 김창석 대표는 책 한 권을 줄줄 외울 정도로 열심히 했다. "철저히 독학했지. 첫 직장은 크라운 관광호텔이었고, 거기서 식음료 '보이'를 했어요. <리더스 다이제스트> 같은 잡지를 보면서 외국인이 알아듣든 말든 영어로 대시를 했지. 하얏트 호텔 때는 상사가 '어이 CS, 너 영어 꽤 잘하던데 영어 공부 제대로 한번 해볼래?' 하더라고. 오케이! 교보문고에서 <이디엄 드릴>이란 책을 사서 1페이지부터 끝까지 달달 외웠어요. 드릴drill이 '뚫다', '반복 연습하다' 이런 뜻이잖아요. 진짜 그렇게 공부했지.

죽기 아니면 까무러치기였거든. 그 상사랑 호텔에 같이 있으면서도 영어 연습을 따로 하고. 지미 코너스라고 알아요? 하여튼 그런 테니스 선수가 오면 호텔이 난리가 나요. 완전 VIP거든. 그때 영어를 할 줄 알면 이리저리 맨날 불려다녔어요. 팁도 받고. 하얏트 호텔에서 원래는 객실 담당이었는데 존 박이라는 객실부장이 '어, 너 영어 할 줄 아네? 프런트에서 일 안 해볼래?' 하는 거예요. 그래서 이쪽으로 방향을 잡았지. 내 인생에 대해 나중에 책을 써도 돼요.(웃음)"

한국 최초로 전산 시스템을 도입한 호텔

힐튼 호텔에서의 직장 생활은 '혁신적 시스템'으로 기억된다. 그리고 그 시스템을 배운 덕에 지금까지 호텔업계에서 나름 전문성을 인정받으며 삶을 꾸려나갈 수 있다고 믿는다. "1983년 힐튼 호텔이 오픈 세리머니를 했는데 당시 외국 브랜드 호텔은 호텔리어 사관학교나 마찬가지였어요. 웨스틴 조선이 그랬고 하얏트도 유명했지요. 서비스며 운영 노하우가 한국하고는 완전히 달라서 그런 매뉴얼을 흉내 내듯 하나하나 배워나갔지.

힐튼은 대한민국 최초로 호텔 운영에 전산 시스템을 도입한 호텔이었어요. 당시 하얏트만 해도 객실 표시장에 딱지가 다 꽂혀 있었어요. 초록색은 더블 베드 룸, 핑크색은 싱글 룸. 객실이 600개에 이르는데 딱지 유무를 보고 그 방이 비어 있는지, 손님이 있는지 알 수 있는 거예요. 계산도 다 손으로 계산기 두드려서 하고. 그런데 힐튼은 이 모든 걸 컴퓨터로 하는 거예요. 처음에는 그런 전산 시스템 때문에 고생을 좀 했어요. 아날로그 매뉴얼로만 운영을 배웠으니 보고도 못 믿는 거야. 모니터에 빈 객실이라고 떠도 '이거 진짜야?' 하고 확신을 못 하는 거예요.(웃음) '하우스키핑에 전화해 봐.' 이렇게 되는 거지. 이게 어마어마한 시스템이에요. 직원들이 일일이 뛰어다니고 전화하고 할 걸 한번에 해결해 주는 거니까. 당시 힐튼이 썼던 시스템이 IBM에서 나온 히스HIS였어요. 'Hotel Information System'의 약자지. 지금은 PMS를 많이 써요. 이건 'Property Maintenance System'의 약자고.

이건 다른 얘기지만 영어가 나오니까 말인데, 한국은 주막이 사실 호텔이었지요. 먹을 것 주고, 빨래해 주고, 잠도 재워주고…. 외국은 이 전반적인 걸 다 합쳐 호스피털리티라고 해요. 환대인 거지. 그런데 아랍 등 먼 나라를 여행하다 보면 아프기도 해요. 아픈 사람은 따로 서비스하자고 해서 생긴 게 호스피털, 즉 병원이죠. 호스피털리티랑 몇 자 차이 안 나지.(웃음)"

그러고 보면 호텔의 역사는 인류의 발전과 더불어 빠르게 진화했다. 작은 방이지만 잠자리를 마련해 주고 아침이면 음식을 나누던 데서 시작해 대규모 연회장과 레스토랑이 생기고, 수영장과 헬스장이 들어섰다. 로비에는 큼직큼직한 아름다운 예술품이 걸리고, 호화로운 호텔의 경우 24시간 특정 숙박객만을 위해 대기하는 버틀러 서비스도 선보인다. 어쩌면 호텔은 손님과 가장 우아하고 신사적인 관계(적어도 겉보기에는)를 맺고 그런 관계에서 수익을 창출하는 서비스 산업의 꽃이 아닐까. 그리고 힐튼은 서비스 산업의 리더 중 하나였다. "세계 최초로 객실에 에어컨을 설치한 회사가 힐튼이에요. 텍사스에서 돈을 벌어 호텔을 키웠는데 투자도 아주 공격적으로 했지. 회계 시스템만 해도 그래요. 더하기, 빼기를 계산기 두드려가며 하고 있으니 '아니, 이게 웬 조선 시대 시스템이야?' 싶은 거지. 그러지 말고 회계를 정립하자. 숙박료를 받으면 어떤 계정으로 포함시키고, 커피를 팔았다면 또 어디에 포함시킬지 다 정해서 시스템을 만든 거지. 수익과 투자 비용도 구분하고. 그게 1973년이었어요. 그렇게 영업 회계 기준이 생기고 일이 편해지니까 글로벌 체인들이 그 시스템을 따라 하기 시작한 거예요. 돈이 들어오고 나가는 건 케냐든 말레이시아든 한국이든 다 똑같거든. 다른 호텔에 있을 때는 한 손으로는 서비스 내역이 적힌 종이를 넘기고, 또 한 손으로는 계산기를 두드리면서 일일이 손으로 다 해야 했어요. 나중에 계산이 안 맞으면 죽는 거지.(웃음) 복사기도 함부로 못 썼어요. 복사기 비싸다고 노발대발했거든. 먹지를 대고 두 장씩 타이핑을 했지. 그러다 열받으면 그냥 손으로 하고. 힐튼에 가서 처음 전산 시스템을 사용했는데 너무 멋있더라고요. 이것저것 누르면 뭐가 드르륵 나와. 호텔 운영이 다 전산으로 이뤄졌는데, 그 영향이

어마어마했죠. 일을 하다 보면 하루에 100번을 왔다 갔다 해야 하는데 그 횟수가 3분의 1로 줄어든 거지. 100보 걸어야 할 일을 30보만 걸으면 해결되는 거예요. 생산성이 무지하게 좋아진 거지. 힐튼에서 그런 시스템을 배운 덕분에 호텔을 나와서도 이런저런 일을 많이 할 수 있었지."

김창석 대표는 전산도 영어처럼 '무데뽀'로 배웠다고 했다. "전산 시스템이 완전 신세계라 제대로 배워놔야겠다 싶더라고. 야근을 하면서 매뉴얼대로 안 하고 이것도 눌러보고 저것도 눌러보며 하나씩 배워나갔어요. 엄마한테 밤새워 마감해야 하니까 용 넣어 한약 좀 지어달라고 했지. 그러다 한번은 컴퓨터가 다운된 적도 있어요. 책임자가 제임스 스미스라고 주방장 출신의 미국인이었는데 '홧 더 퍽' 하고 고래고래 소리를 지르더라고. 윌리엄 피튼이라는 전산 시스템 오퍼레이팅 교육 담당자 겸 테크니션이 있었는데 이 친구 도움을 많이 받았지. 또 잠시 다른 이야기지만, 이 친구가 한국에서 볼일 다 마치고 미국으로 돌아갈 때가 됐는데 안 가는 거예요. 왜 안 가냐고 했더니 한국 여자 직원을 좋아한대. 결혼도 하고 싶대. 작전을 짜서 프러포즈를 하고 나도 옆에서 열심히 부추겨서 약혼을 했지."

부아가 치미는 경우도 많았다. 힐튼 호텔 뒤편의 양동지구가 사창가라 술 취한 손님이나 포주가 호텔을 향해 돌을 던지는 일도 잦았다. 손님이 차를 운전하고 들어올 때는 늘 조마조마, 경계심을 늦출 수 없었다. "당시 호텔을 이용하는 내국인은 전체 손님의 1%가 채 안 됐어요. 거의 외국인이었지. 전부 한국으로 출장 온 비즈니스맨들. 무역회사 바이어며 손님들이 많았지. 88올림픽 때는 정부가 숙박 요금도 다 지정해 줬어요. 메뚜기도 한철인데 말이지.(웃음) 11만2,500원을 상한선으로 정하고 그 이상을 받으면 바가지 요금이라고 수정하라고 공문이 날아올 때예요. 나는 해외에 가서 호텔 같지도 않은 방에 30만 원을 냈는데 말이지. 낮엔 평온했지만 밤이 되면 소란스러웠어요. 국회의원들이 와서 목에 힘을 줄 때도 있고…. 아침 7시에 퇴근해 조조 영화 보는 게 유일한 낙이었습니다.(웃음)"

조식과 체크아웃 혼잡도까지 계산한 설계

이야기가 다소 방만하게 펼쳐지는 순간도 있었지만 그런 개개인의 삶 역시 힐튼의 시간이라고 생각해 제지하지 않았다. 호텔이 사라진다고 하면 그곳을 애용하고 기억하는 이들의 아쉬움이 클 거라고 생각하지만 짧게는 몇 개월, 길게는 수십 년을 일한 이들의 감정에 비할까. 김창석 대표가 기억하는 힐튼은 첨단을 달렸고, 그런 효율적 시스템은 공간을 구성하고 배치하는 데서도 드러났다. "힐튼은 객실도 똑 떨어져요. 질서가 잡혀 있지. 옆으로 모듈이 붙는 식이라서 그런데, 의외로 객실이 이렇게 정형화된 곳이 많지 않아요. 건물을 짓다 보면 왼쪽, 오른쪽으로 확장하게 되고, 또 한 평이라도 더 집어넣으려다 보면 보너스 면적 같은 게 생기거든. 그렇다고 이 방은 더 크니 돈을 더 주셔야 합니다, 하면 애매하잖아요. 칸 막고 물 나온다고 다 호텔이 아닌데, 면적도 주먹구구식으로 할당한 곳이 많았습니다. 5성급 호텔 중에서도 건물이 양쪽에 날개를 붙인 모양이어서 마름모꼴을 포함해 객실 모양이 달라지는 곳이 많았지. 힐튼에서 근무하다 보면 잘 지은 건물이라는 것을 체감할 수 있었어요. 엘리베이터는 건물 중앙에 객실 2개 크기로 들어가 있는데, 얼마나 계산을 철저하게 했는지 조식 시간에 사람이 붐빌 때도 원활하게 돌아갔어요. 나중에 들어보니 식사 때나 체크아웃 때 엘리베이터 앞에 사람이 몰릴 경우, 체크아웃하며 짐을 맡기는 사람의 평균값 등을 다 통계화해서 가지고 있다가 설계에 반영했다고 하더라고요. 호텔은 굉장히 예민한 유기체예요. 정교하게 움직여야 하는데, 이런 건 오래 해본 사람이 확실히 잘해요. 흐름이 끊기지 않도록 원활하게 움직이거든."

만약 당신이 힐튼에서 보낸 시간이 물 흐르듯 산뜻하고 유연하게 흘러갔다면 그건 설계 뒤편에 치밀한 수학과 공학이 버티고 있었던 덕분이다. 한이경 폴라리스 어드바이저 대표가 쓴 〈호텔에 관한 거의 모든 것〉을 보면 리셉션의 데스크 하나까지 철저히 수학에 기반해 제작 및 준비된다는 것을 알 수 있다. "데스크 자체도 예사롭지 않다. 그냥 책상 하나 가져다 써도 된다고 여기는 이들이 꽤 많지만, 보기에는 단순해 보여도 제작은 생각보다 복잡하다. 글로벌 호텔 그룹 가이드라인은 이 부분도 치밀하게 기준을 제시한다. 각 장비에 맞게 서랍의

가로세로 높이를 지정하고 전기 콘센트, 전화선, 인터넷 연결 장치 등을 어떤 위치에 몇 개씩 배치해야 하는지도 철저하게 따지고 살핀 뒤에 도안을 그려 제작업체에 의뢰한다.”

힐튼 호텔 오픈에 맞춰 개관준비팀으로 입사해 2년 가까운 세월을 배우고, 즐기고, 감탄하며 직장 생활을 한 프런트맨은 인터뷰 말미에 “힐튼에 있던 사람들이 다른 호텔에 가면 전산 호텔운영시스템의 전도사가 됐다”라고 했다. 가장 발달한 첨단 시스템 안에서 일을 배웠기 때문이다.

힐튼에서 32년,
그곳은 그저 내 인생

박효남 힐튼 호텔 셰프

힐튼 호텔의 영광을 이야기할 때 박효남 셰프를 빼놓을 수 없다. 열여덟 살에 주방 보조로 요식업계에 발을 들인 그는 힐튼으로 직장을 옮기고 건승에 건승을 거듭해 2001년에는 힐튼 총주방장으로 임명됐다. 힐튼이 호텔 사업을 시작한 이래 현지인을 총주방장으로 임명한 건 그가 처음이다. 1999년에는 이사로 전격 발탁되며 화제가 됐다. 1999년 1월 14일 자 <동아일보>는 그의 임명 소식을 이렇게 알렸다. "고졸 38세, 힐튼 요리사 박효남 씨, 대기업 이사 됐다." 1995년 차장, 1997년 부장을 거쳐 이사 자리까지 쾌속 승진한 것. 기사에는 "이사 승진으로 140여 명의 아랫사람을 거느리게 됐다"라고 적혀 있다.

힐튼의 요식 아이콘이 2015년 힐튼을 떠났다. 100% 자의적이라고 하기에는 애매한 부분이 있는데, 인터뷰를 통해 느낀 건 그가 새로운 챕터를 시작하면서 느낀 설렘만큼이나 힐튼을 떠나는 걸 아쉬워했다는 점이다. 인생 2막을 시작하겠다며 여러 언론과 인터뷰도 했지만 힐튼을 떠난 건 메워지지 않는 구멍을 안고 사는 것과 다르지 않은 듯 보였다. 2022년 힐튼은 문을 닫았고, 7년 전 세종호텔 자문과 세종사이버대학교 교수로 자리를 옮긴 그에게 세상은 '어차피 이렇게 될 걸, 잘한 결정'이라고 했지만 그에게 힐튼은 단답형으로 짧게 대답할 수 있는 존재가 아니었다. 힐튼을 기억하는 사람보다 기억하지 못하는 사람이 더 많아질 20년 후에도 여전히 그러할 것이다. 세종사이버대학교 교수실에서 만난 그는 환한 미소로 필자를 반겼다. 선하고 따뜻한 인상이었다. 대화는 힐튼과의 인연이 처음 시작된 1983년으로 거슬러 올라갔다.

1983년, 첫 인연을 맺다

"힐튼 호텔이 1983년에 문을 열었잖아요.

저는 1980년대 초, 땅을 파는 것부터 봤어요. 그때 제가 하얏트 호텔에 있었거든요. 광화문에서 버스를 타면 서울역을 돌아 남산으로 올라가요. 어째서인지 늘 버스 오른쪽 좌석에 앉았는데 거기서 공사하는 힐튼이 잘 보였어요. 업계에 있으니 힐튼 호텔이 들어선다는 건 이전부터 알고 있었어요. 큰 호텔이 들어서면 총지배인 같은 중역이 미리 들어오는데 아직 숙소가 없으니까 근처에 있는 하얏트에 장기 투숙하면서 준비를 하는 거죠. 신라나 롯데도 있지만 두 곳은 로컬 느낌이 강하니까. 그런 현장을 매일 보니 저절로 관심이 갔는데 막역하게 지내던 선배님이 '많이 배우려면 한번 옮기는 것도 좋다'고 조언해 주시더라고요. 보통 데리고 있으려고만 하지 더 좋은 곳으로 보내려고는 안 하는데…. 이 선배님하고는 지금도 연락하며 잘 지내요.(웃음) 그분 말씀을 듣고 이력서를 냈는데, 그곳이 동우개발이었어요. 직접 가서 접수를 했죠. 사진도 풀로 붙이고. 하얏트에서 일할 때는 이력서가 세 줄이었어요. 국민학교, 중학교 그리고 조리사 면허증. 보통 국민학교는 안 쓰는데 쓸 게 없으니까. 그런데 하얏트에 다니면서 이력서에 두 줄이 늘었어요.

하나는 하얏트 근무 경험, 또 하나는 방송통신고등학교 졸업. 하얏트에 근무하면서 학교를 다녔거든요. 어찌나 뿌듯하던지. 얼마 있다가 면접을 보러 오라고 연락이 왔어요. 그것도 우편물로. 당일 면접장에 갔더니 많이 왔더라고. 서울에 큰 호텔이 생기는 거니까 관심이 많았던 거지. 5명씩 들어갔는데 외국인 총주방장 포함해 몇 명이 쭉 앉아 있어요. 총주방장이 묻더라고, 랍스타 비스크를 어떻게 하는지 아느냐고. 하얏트에 있을 때 프렌치 요리를 많이 만들어봤기 때문에 자신 있었어요. 영어 공부도 나름 열심히 해서 요리에 들어가는 토마토 페이스트, 채소 등을 언급하며 설명했지. 함께 들어간 사람들에게는 다른 걸 물어봤는데 대답을 못하는 이도 많더라고요. 인터뷰를 마치고 나오는데 '오케이' 하면서 '행운을 빈다' 그래요. 그리고 며칠 있다가 합격 통지서가 왔어요. 1983년 8월 15일부터 출근이다, 그런데 그날은 광복절이니 16일부터 출근해 달라고. 뛸 듯이 기뻤습니다."

'합격', '이직'… 이런 단어는 남의 일이라도 얼마나 설레고 짜릿한지. 서울에 들어서는 세계적 호텔이고, 주경야독으로 뒤늦게 고등학교 졸업장까지 받았다니 듣고 있는 필자까지 신나고 가슴이 벅차올랐다. 국운이 드라마틱하게 상승하고 사회가 변화할 때는 개개인의 삶도 많은 변화를 겪는다. 누군가는 기회를 잡고 하늘 높이 올라가기도 한다. '개천에서 용 났다'는 말이 여기저기서 미담으로 날아든다. 사회적 불평등과 부의 세습이 고착화된 현실이라 개천에서 용 나는 건 더 이상 가능한 얘기가 아니라지만, 바뀐 세상에서는 또 바뀐 모양새의 기회가 있으리라.

지금도 눈에 선한 남산의 신록과 단풍

힐튼에서 하는 직장 생활은 재미있고 행복했다. 새롭게 배우는 게 많았고, 바로 그 점이 마음을 든든하고 단단하게 했다. 기본적으로 '공부 욕구'가 장착되어 있거나 배워야 한다고 생각하면 하나하나 열심히 익혀나갔다. "성장의 계기를 꼽으라면 영어를 빼놓을 수 없어요. 하얏트에 갈 때만 해도 영어를 전혀 못했어요. 안 되겠다 싶어 공부를 시작했고, 말은 잘 못하지만 곧잘 알아들으니까 일을 시키더라고요. 다른 분들보다 알아듣는 게 많으니까 그만큼 일을 빨리 배울 수 있었죠. 힐튼에서 근무한다는 자부심도 컸어요. 모든 공간이 탁 트여 있고 로비도 너무 좋잖아요. 직원 출입구는 따로 있었는데, 밑에 있는 대우빌딩 1층에서 엘리베이터를 타고 6층으로 가면 호텔과 연결되는 다리가 나와요. 대우빌딩으로 들어가면서부터 자부심이 샘솟았죠. 다리를 건널 때 내려다보이는 풍광이 너무 아름다웠어요. 도심 속 정원이랄까. 다리 옆 창으로 보는 주변이 온통 녹지라 절로 힐링이 되는 것 같았어요. 남산을 보면 숨이 탁 트이는 것 같고 마음에 여유가 생겼지요. 봄날의 신록도, 가을의 단풍과 눈 내린 겨울 풍경도 눈에 선해요. 정말로 사계절이 다 아름다웠습니다. 업장에서 일할 때도 마찬가지였어요. 여건이 될 때는 식당 입구에서 손님을 맞이하는 것이 제 철칙 같은 것이었는데 그곳에서 로비를 보면 무척 기분이 좋았어요. 층고가 높고, 사방이 빵 뚫려 있고, 지하 분수도 있고. 수평으로도, 수직으로도 그렇게 멋진 공간이 없었어요. 힐튼에서 아내도 만났습니다. 아내는 '가든' 카페에서 홀 서빙을 했고, 저는 프렌치 레스토랑 '시즌스'에서 일했는데 주방을 왔다 갔다 하며 서로 눈이 맞은 거죠.(웃음) 호텔이 자리 잡고 난 후에는 직장 내에 동호회도 생겼어요. 아내와 저는 테니스 동호회에 가입해 공도 같이 쳤습니다. 입사하고 5년 후 결혼했는데 저희가 사귀는 줄 아무도 몰랐어요. 그만큼 철저하게 했지요.(웃음)"

비즈니스로 점심을 세 번 드시기도 했던 김우중 회장

잠시 그가 일한 시즌스의 내부를 재현해 본다. 1층 메인 로비에 있는 레스토랑에 들어서면 곳곳에 미술 작품이 걸려 있고 책장에는 책이 가득 꽂혀 있다. 가장 특별한 곳은 '서재'라 명명한 공간으로 내부 왼쪽에 계단 2~3개 올라간 곳에 꾸며 박효남 셰프가 각종 요식 이벤트나 기관에서 받은 메달을 진열해 놓기도 했다. 고 김우중 회장의 전용 다이닝 룸은 21층에 있는 펜트하우스였다. 김 회장이 먹는 음식은 박효남 주방장이 전담했다. 자연스럽게 그의 식성을 훤히 알게 됐는데, 특별한 음식 취향이 없고 성격도 털털해 모시기 어렵지 않았다. 박효남 셰프는 "다른 친구들은 회장님이 어렵고 힘들다고 하는데 나는 그렇지 않았어요"라고 회상했다. "되레 안타까울 때가 많았어요. 회장님은 비즈니스를 하다 보니 점심으로만 두 끼, 세 끼 드실 때가 있었어요. 오후 12시, 1시, 2시에 연달아 점심 약속이 잡히는 때도 있었지요. 어느 때는 11시 30분부터 이른 점심 미팅을 하셨는데 30분 만에 끝나는 식사는 없었어요. 음식을 남기면 상대방에게 실례가 되니 식사를 할 때마다 그릇을 깨끗하게 비우셨습니다. 깍두기를 유독 좋아하셔서 한식이 됐든 중식이 됐든 양식이 됐든 음식이 나갈 때마다 그릇에 깍두기를 놔드렸어요. 털털하고 인간적이셨습니다. 권위를 내세우지도 않았고요. 오직 일만 생각하셨지요. 대우가 무너질 때 제 마음도 내려앉더라고요. 회장님 부부도 엄청 힘들어하셨고요. 김종성 건축가를 일대일로 따로 만난 적은 없어요. 시즌스에도 여러 번 오셨는데 회장님이나 사모님과 동행했기 때문에 독대는 못 했습니다. 그야말로 신사라는 느낌만 남아 있어요. 우리는 음식만 보는데 회장님은 전체적인 분위기, 즉 벽이나 문 같은 디테일을 챙기시더라고요. 우리에게 직접 얘기는 안 하고 정희자 회장(김우중 회장의 아내로 김우중은 대우그룹 회장을, 정희자 여사는 힐튼 호텔 회장을 맡았다)님께 넌지시 일러주셨던 걸로 기억합니다."

밀레니엄 서울 힐튼의 스타 셰프

1980년대는 모두가 바쁜 시기였다. 지금이나 그때나 별반 다를 바 없이 바쁘고 치열하지만, 성장 가도를 달리던 그때는 사회 전체가 앞만 보고 달리는 열차 같았다. 통계청 발표 자료에 따르면 힐튼 호텔이 오픈하던 1983년부터 1989년까지 대한민국 경제성장률은 7~13%에 이른다. 1983년에는 13.4%, 1986년에는 11.3%, 1987년과 1988년에는 각각 12.7%와 12%로 2~3%에 불과한 최근과 비교하면 당시 한국이 얼마나 팽창하는 사회였는지 알 수 있다. 개개인의 삶을 들여다보면 점심 식사를 세 번이나 했다는 김우중 회장과 형태는 다를지언정 많은 이가 열띤 삶을 살았다. 박효남 셰프 역시 마찬가지였다. 아침 7시에 출근하면 밤 10~11시에 집에 들어갔다. "그때는 그런 시절이었잖아요. 모두가 주말도 없이 일했고, 저도 그랬어요. 손님이 오면 언제라도 나가서 요리해야 했으니까요. 그래도 불평불만이 없었어요. 오히려 행복했지요. 애가 셋인데 밤 10시 넘어 집에 들어가도 애들이 안 자고 기다렸다가 '아빠 왔다' 하고 우르르 뛰어나와요. 또 그 모습이 이뻐서 그 밤에 애들 다 차에 태워서 가평까지 갔다 왔어요. 약수터 가서 물도 받아 오고. 호텔은 꼭 함께해야 하는 일이 아니면 안 데려왔어요. 직원들이 얼마나 불편하겠어요. 대신 집에서 이런저런 요리를 해줬습니다. 파스타도 해 먹고 된장찌개도 끓여 먹고 불고기도 쌈 싸 먹고. 지금 큰애가 서른넷, 둘째가 서른하나, 셋째가 스물여섯인데 그 시절을 다 기억하더라고요. 아빠한테 고맙다는 생각을 갖고 있고. 저는 제 공백을 다 메워준 아내가 고맙고요."

힐튼에 근무하던 시절, 그의 이름은 신문에도 자주 언급됐다. '밀레니엄 서울 힐튼의 스타 셰프'가 그의 이름이었다. 당시 신문 기사를 찾아보면 '요리 외교관', '만나고 싶었습니다' 같은 코너에 소개된 그의 인터뷰 기사를 어렵지 않게 볼 수 있다. 성공의 비결을 물었다. "저는 술을 안 해요. 일 끝나고 직원들하고 술 마시고 그런 게 없어요. 일부러 안 한 것도 있고요. 어떤 친구랑 밥 먹고 술 마시면 그 친구를

감싸고 더 이쁘게 본다고 생각하잖아요. 젊은 친구가 들어오면 '열심히 해라', '네 것같이 해라', 이런 말을 해줬어요. 일할 때는 무척 엄격했지요. 주방이라는 곳이 사람과 사람 간의 거리가 가깝기 때문에 사람 때문에 힘든 일이 많거든요. 선배가 괴롭히지는 않는지, 동료끼리 왕따는 안 시키는지 그런 것에 신경을 많이 썼습니다. 가족의 건강을 위해 맛있게 요리해 주는 사람이 어머니잖아요. 그런 어머니 같은 마음으로 요리하자고 동기부여를 많이 했어요. 주방 경영에도 신경을 썼는데, 식자재가 다 돈이잖아요. 월급 받고 남을 위해 일하는 게 아니라 내 집, 내 주방이라고 생각하고 식자재 영수증까지 다 들여다봤어요. 어느 때는 쓰레기통까지 뒤졌어요. 당근, 양파, 셀러리 같은 채소는 껍질을 벗겨서 그냥 버리는데 이것들을 모아서 닭뼈나 소뼈로 육수 끓일 때 쓴다면 버릴 게 하나도 없는 거예요. 제가 총주방장을 맡고 나서 비용이 5% 이상 줄었어요. 손님에게 요리해서 줄 스테이크 250g을 180g으로 줄인 게 아니라 더 주면서도 어떤 부분에서 낭비는 없는지 들여다보는 거죠."

그의 친화력과 성실함도 한몫했다.

박효남 셰프는 총주방장이 되고 나서 손님이 오면 꼭 입구까지 나가 환대하고, 돌아갈 때도 음식은 맛이 괜찮았는지, 불편한 점은 없었는지 물었다. 차 문도 직접 열어주었다. 도어맨이 있는데도 총주방장이 배웅을 하니 좋아하는 이가 많았다. 식사 도중 얘기가 길어져 밤 11시가 넘어가도 손님이 갈 때까지 기다렸다. "영업시간 끝났습니다" 하고 말하는 시대도 아니었다. 주한 외국 대사관과 문화원 인사들 사이에 친절하고 맛있고 대화도 통하는 특급 레스토랑이 있다는 소문이 났고, 사우디아라비아 대사관 같은 곳에서는 장소를 옮겨 진행하는 출장 행사까지 전담으로 맡겼다. 남아프리카공화국 대사관에서는 박효남 셰프가 현지로 날아가 그 나라 요리를 배워 공중파 방송에 송출하는 프로젝트까지 진행했다. 17년간 인도에서 망명 생활을 한 쿠베카 대사가 다리를 놓은 프로젝트로, 그는 박효남 셰프의 오랜 고객이자 친구였다. 독일 사람이 오면 독일어로 인사말을 건네고, 프랑스 사람이 오면 프랑스 정통 요리를 훌륭하게 만들어내기 위해 신경 썼다. 특정 나라의 만찬이 정해지면 음식을 포함한 그 나라의 문화에 관해 공부했고, 모든 데이터는 컴퓨터에 저장해 두었다. 중요한 것은 '어프로치의 기술'. 접근과 농담을 조금만 '오버'해도 불편해하기 때문에 5월의 날씨처럼 딱 좋은 수준을 지키려 노력했다.

프랑스에서도 통한
현란한 감자 깎기와 '고메 서클'

시즌스 부주방장으로 일할 때 3주간 떠난 프랑스 연수는 커리어의 하이라이트라 할 만했다. 정희자 힐튼 호텔 회장의 배려로 파리의 한 유명 레스토랑 주방에서 실습을 하는 것이 주요 내용이었다. "꿈에 부풀어 갔는데 현실은 달랐어요. 총 3주간 머물렀는데 일주일이 지났는데도 요리를 가르쳐줄 생각을 안 하는 거예요. 텃세 같은 거죠. 하도 답답해서 감자가 잔뜩 쌓여 있길래 깎기 시작했어요. 감자 깎을 군번은 아니었는데….(웃음) 열여덟 살에 주방 보조부터 시작했으니 그간 감자를 얼마나 많이 깎았겠어요. 게다가 제 고향이 강원도 고성입니다.(웃음) 하여튼 손놀림이 현란하니 제 주변으로 웅성웅성 하나둘 모이더라고요. 눈도 안 마주쳤던 사람들인데 말이죠. 그러고는 나를 따라 해보는데 안 되는 거예요. 감자 깎는 걸 가르쳐달라고 하더라고요. 속으로 생각했지요. '딜을 해야겠다.' 가르쳐줄 테니 대신 요리를 가르쳐달라고 했지요. 누구나 잘하는 게 있다고 생각해요. 그것이 제겐 감자 깎기였죠. 그 일로 사람들이 저를 다시 보게 됐고, 그렇게 제 편으로 만들 수 있었지요."

기억에 남는 행사도 많다. 시즌스에서 진행했던 '고메 서클'은 힐튼에도, 그에게도 상징 같은 프로그램이었다. "보통 식당이 1년에 한 번 메뉴 바꾸기가 힘들어요. 재료부터 구성까지 준비할 게 그만큼 많으니까요. 시즌스에서는 메뉴가 봄, 여름, 가을, 겨울 총 네 번 바뀌었고, 계절이 바뀔 때마다 갈라 디너 행사를 했어요. 봄에는 봄 고메 서클이, 여름에는 여름 고메 서클이 열리는 거지요. 테이블 분위기부터 음식 플레이팅까지 완벽하게 계절의 흥취를 느낄 수 있도록 꾸몄는데 인기가 정말 많았어요. 봄 고메 서클 행사에 와서 여름 이벤트를 예약하는 분이 70~80%에 달했어요. 강원도 원주에 있는 한 병원 원장님은 1회부터 70회까지

단 한 번도 안 빠지고 출석하셨고요. 부산에서, 제주도에서 올라오신 분도 많았습니다. 1994년부터 2014년까지 20년간 70회를 했으니 힐튼의 자랑이라 할 만했지요. 덕분에 프랑스의 럭셔리 브랜드 에르메스와도 협업을 했어요. 어느 날 저희와 함께하고 싶다고 연락을 해왔어요. 지금은 어떤지 모르겠는데 그때는 에르메스 쪽에서 전 세계를 돌아다니며 최고의 미식 경험을 제공하는 고메 행사를 열었어요. 접시부터 커피 잔까지 식기류와 커틀러리 전부 에르메스 것만 사용하지요. 시각적으로도 내용적으로도 무척 화려하고 세련된 행사였습니다.

박효남 셰프가 힐튼을 떠나 새로운 곳으로 직장을 옮긴 건 돈과 명성 때문만은 아니었다. 어쩌면 호사다마라고 할까. 정해진 결론처럼 일이 그렇게 흘러갔다. 힐튼에 근무하던 시절, 그는 힐튼의 '대표 선수'였다. 2014년에는 대한민국 요리 명장으로도 등극했다. 정부에서는 컴퓨터, 자동차 등 여러 산업 분야에 걸쳐 총 17명의 명장을 선정했는데, 요리 명장은 그가 유일했다. 세종호텔 측에서 스카우트 제의가 온 건 그 무렵이었다. 세종사이버대학교 총장, 세종호텔 사장,

한국관광용품센터 사장 등이 그를 찾아왔다. 힐튼은 그에게 집이나 마찬가지였기에 안 간다고, 못 간다고 고사했다. 그런데 회사에는 반대로 소문이 났다. 박효남이 힐튼을 떠난다고. "직원 누구에게도 얘기한 적이 없고 비서한테도 말 한마디 안 했는데 일이 그렇게 됐어요. 관리 쪽에서도 이야기가 흘러나오니 기분이 안 좋더라고요. 이직을 하는 것으로 분위기가 돌아가면서 마음을 접을 수밖에 없었어요. 상황이 그렇게 되니 우울증이 오더라고요. 집에서 나가기 싫고 누구랑 통화하기도 싫고. 이직한 후 처음에는 힘들었어요. 힐튼에 미련도 남고요. 마음을 다잡은 건 이곳의 면학 분위기 덕분이었습니다. 세종사이버대학교에 다니는 학생들은 20대부터 70대까지 다양해요. 모두 일하면서 공부를 해요. 젊었을 때의 저처럼요. 나도 더 열심히 살아야겠다는 생각이 들더라고요." 검지 아래쪽에서 뭉툭하게 잘린 손가락 이야기도 그때 처음 들었다. 초등학교 3학년 때 친구 집에 놀러 가 작두로 소 여물 써는 걸 도와주다가 그리 됐다고. "겨울이 되면 좀 시릴 뿐, 요리할 때 핸디캡은 전혀 없어요. 이 손가락을 보면 오히려 감사하다는 생각이 들어요.

손가락 여러 개가 잘려나갈 수도 있는 상황이었잖아요. 이렇게 한 개만 잃어서 천만다행이지요. 생각할수록 다행이라 감사한 마음마저 들어요."

인터뷰 말미, 박효남 셰프는 힐튼이 철거된다는 사실이 믿기지 않는다고 했다. 어쩌면 곧 부재의 존재가 되리라는 사실도. "힐튼이 사라지지 않으면 좋겠습니다. 건물이 그대로 있길 바라요. 만약 없어지면 그쪽으로는 안 다닐 것 같아요. 마음 한쪽이 휑해질 것 같아서요. 아직 실감이 안 나는 것은 물론, 완전히 없어진다고 생각도 안 해봤어요. 개발업체가 들어와도 그대로 남아 있을 것 같고, 잘 보존될 것만 같고…. 지금도 어디에 뭐가 있는지 다 알아요. 음식 저장고부터 물류 창고, 식자재 창고 그리고 일반 스토리지까지 모든 곳이 제 머릿속에 다 들어 있어요. 그곳에서 보낸 세월이 32년입니다. 힐튼은 제게 인생이나 마찬가지예요. 행복했던 인생…. 88올림픽 때 미국 NBC 방송이 힐튼 호텔을 통째로 다 썼는데, 밖에 나가 안내 피켓을 들고서 있으라면 기꺼이 그렇게 할 정도로 애정이 넘쳤어요. 정말이지 이대로 사라지지 않으면 좋겠습니다."

베리 베리 젠틀맨의

베리 정교한 도면

이현영 국립현대미술관 건축 아키비스트

국립현대미술관 미술연구센터에는 김종성 선생의 건축 인생을 수놓은 수많은 자료가 아카이브 컬렉션으로 보관되어 있다. 국립현대미술관 홈페이지를 통해 사전 열람 신청을 하면 누구든 그 오래된 역사를 살펴볼 수 있다. '김종성 컬렉션' 카테고리에는 힐튼 호텔도 있다. '김종성 컬렉션'을 대표하는 메인 이미지도 힐튼 호텔 모형 사진이다.

미술관은 '김종성 컬렉션'에 포함된 건축작업 시리즈를 이렇게 소개한다. "본 시리즈는 1965년부터 2001년까지 김종성과 그가 운영했던 서울건축(전신 동우건축)의 건축설계 진행 과정에서 생산된 자료와 결과물로 구성됐다. 문서 상자 26개, 평면 자료 93장, 디지털로만 존재하는 이미지 약 35GB 규모로 '김종성 컬렉션'에서 가장 큰 시리즈다. 프로젝트 단위로 나뉘어 있다. 김종성이 시카고의 미스 반데어로에 사무실에서 일하면서 참여한 프로젝트 3개와, 설계 사무실을 차린 뒤 한국과 미국을 오가면서 진행했던 프로젝트 9개는 대부분 원본 도면이나 디지털 이미지, 그리고 생산 연도순으로 정리되어 있다.

김종성이 한국으로 돌아온 계기가 됐던 서울 힐튼 호텔부터 2000년대까지 작업한 프로젝트는 총 66개다. 김종성이 서울건축에서 진행한 작업 중 본인의 참여도가 높은 작업을 선별해 기증한 것이다. 마이크로필름, 도면, 사진, 스케치, 보고서 등으로 구성되어 있으며, 실시설계 도면은 대부분 마이크로필름 형태로 저장되어 있다."

국립현대미술관 과천에서 만나는 힐튼 호텔의 기록

힐튼 호텔은 김종성 건축가의 대표작이고 아카이브 자료도 풍부하다. 계획 설계 도면, 스케치, 모형 사진, 시공 사진, 커튼 월 알루미늄 부재 도면, 멀리언 샘플, 기본설계 도면집, 객실 실물 크기 모형 사진, 프레젠테이션 도면, 완공 사진, 건축 도면, 상세 도면, 구조와 토목, 기계와 배관, 전기와 주방 설비 도면, 신축 인테리어 도면, 브론즈 시공 상세 도면, 증축 및 용도 변경 도면, 구조 도면집, 실시설계 도면집(1~5), 사무실 인테리어 도면집, 완공 외관 사진, 완공 실내 사진…. 건축 도면에 담긴 수많은 기호와 수치를 편하게 해독할 수 있는 이라면 며칠이고 푹 빠져 몰입할 만한 방대한 자료다. 개발도상국이던 한국은 고속철 같은 발전 속도에 함몰돼 기록에 소홀한 면이 있지만 건축가 김종성과 힐튼 호텔에 관한 많은 자료가 국립현대미술관 미술연구센터에 보관되어 있다. 홈페이지를 통해 보고 싶은 자료를 신청하고 방문 일자를 입력한 뒤 그 날짜에 맞춰 가면, 열람을 원하는 자료가 장갑과 함께 책상에 준비되어 있다.

자료를 조심스럽게 다루는 미술연구센터의 규칙에 열람자의 마음도 경건해지고, 자료 하나하나 정성스레 살피게 된다.

도면은 무엇을 그리고 적을지 오랫동안 고민한 후 마침내 선과 글자, 숫자를 정성 들여 기재한 듯 깨끗하고 말끔했다. 지우개로 지운 흔적 하나 없었다. 그 자체로 기록과 여백 간 비례와 균형이 맞아떨어지는, 호텔이라는 거대한 시스템을 구현하기 위해 치밀하고 정확하게 준비한 밑그림들. 트레이싱페이퍼에 잉크 펜으로 그린 스케치가 낯설면서도 매혹적이었다. 도면에는 오른쪽 하단에 번호가 적혀 있다. 어떤 도면은 주변과의 관계성을 담고 있다. 힐튼 호텔이 단순히 숙소 하나 새로 짓는 것이 아니라 서울역과 남산을 연결하는 도시 정비 프로젝트의 일환으로 추진됐음을 알 수 있다. 김종성 선생은 가로축에 500m부터 2,000m까지 직선거리를 적어 넣고, 세로축에는 각 건물의 높이를 50m부터 250m까지 표기해 두었는데, 저마다 다른 빌딩의 높이를 보면 당시 힐튼 호텔 일대의 스카이라인이 한눈에 그려진다. 대한일보, KAL 빌딩, 백남빌딩, 롯데 호텔, 삼일빌딩, 코오롱 사옥, 코리아나 호텔, 현대 사옥…. 당시 가장 높은 건물은 소공동의 롯데 호텔로 167m다. 종이 한 장에 펼쳐진 빌딩 숲이 당시 서울의 경제 상황을 압축해서 보여준다.

힐튼 호텔 건물과 아트리움 등 예상했던 주요한 도면 외에 객실과 프런트 테이블의 도면도 있다. 객실 인테리어 도면에는 어디에 어떤 재질, 어떤 크기의 가구가 놓이는지 표시되어 있고, 경우에 따라서는 가구의 입면까지 그려놓았다. 리셉션 도면을 보면 프런트 테이블의 가로세로 사이즈는 물론 서랍 크기까지 적혀 있다. 계산서를 뽑는 용도의 프린터 위치는 물론 콘센트 위치까지 정해 놓았다. 힐튼 호텔이 오픈했을 때만 해도 지금 같은 전자 카드가 아닌 수동 열쇠를 사용했는데, 그 열쇠들을 한데 모아놓는 서랍의 위치와 크기도 알 수 있다. 아, 나처럼 설렁설렁한 인간은 절대 가닿을 수 없는 고도高度의 세계. 건축가는 신까지는 아니더라도 인간계에서 가장 큰 공간과 건물을 지어 올릴 수 있는 사람인데, 그 세계는 또 호락호락하지 않아서 눈에 보이지 않는 작은 것까지 강박적으로 챙기지 않으면 계획한 밑그림이 결코 제대로 구현되지 않는다.

설계 단계에서부터 구축적이고 현실적으로

국립현대미술관 미술연구센터에서 건축 아카이빙 작업을 담당하고 있고 '김종성 컬렉션' 아카이빙을 맡아 진행한 이현영 아키비스트는 김종성 선생의 건축 스타일을 이렇게 정의했다. "설계 단계에서 스케치를 굉장히 많이 하는 분이 있는가 하면 그렇지 않은 분도 있어요. 김종성 선생은 후자의 경우로, 설계 단계에서 '낭만적' 밑그림을 많이 그리는 편이 아니에요. 구축적이고 현실적이지요. 스케치가 아예 없진 않지만, 선생의 스케치를 받아서 바로 도면화할 만큼 구체적인 그림이 많아요. 실제 김종성 선생이 그림을 그리면 그걸 도면화하는 직원이 있었다고 해요. 건물을 지으려고 그린 도면은 디테일할 수밖에 없어요. 대형 건물은 더더욱 치밀해야 하고요. 김종성 선생은 직원들에게도 도면 그리는 훈련을 철저하게 시켰어요. 성격도 더 이상 깔끔할 수가 없지요.(웃음) 건축 자료를 저희 미술관에 기증하실 때 보니, 도면을 보존 용지에 끼워 관리하시더라고요. 작가나 건축가들이 아카이브를 미리 의식하고 작업을 하는 게 아니잖아요. 선생님 성품이 본래 그런 듯해요. 책을 출간하면서 선생님을 만나 녹취도 여러 번 했는데, 그걸 풀다 보면 주어와 술어가 정확히 일치하는 거예요. 기억도 무척 정확하시고요. 이 사진은 1957년 8월에 찍은 거야, 이런 식이지요. 사람들이 김종성 선생을 '베리 베리 젠틀맨very very gentleman'이라고 하잖아요. 누군가를 험담하는 일이 없고 화도 잘 내지 않는 데다 늘 깔끔한 모습이니까요. 아카이빙 과정에서 자문을 위해 서울건축 근처나 미술관에서 자주 뵀는데 늘 차분하셨어요."

비례와 구조를 중시한 미시안

이현영 아키비스트가 볼 때 힐튼 호텔은 이런 김종성 선생의 품성이나 인성 혹은 스타일과 무척 잘 어울리는 프로젝트였다. "선생은 미스 반데어로에를 사사했지요. 그의 사무실에서 근무했거나 그의 스타일적 후예를 자처하는 이들을 미시안Miesian이라고 불러요. 김종성 선생도 그중 한 명이지요. 비례와 구조를 워낙 중시한 사람이라 미스 반데어로에는 합리적이고 구축적인 건축 방법론과 이념을 정립한 근대건축의 거장입니다. 학생들에게 낸 과제를 보면 당시 미국의 다른 학교 설계 방식과는 확연한 차이가 있습니다.

김종성 선생이 스승의 그런 건축 방법론을 닮았다는 건 부정할 수 없을 거예요. 학교의 교육 방식도 영향을 끼쳤을 텐데, 김종성 선생이 재능이 있다고 생각하는 건 건축적 부분은 물론이고 선생 특유의 미학적 터치가 있기 때문이에요. 힐튼 호텔 외관은 비례에 집중한 미니멀한 모습이지만 로비는 또 다른 느낌이에요. 대리석 계단이 아래층을 향해 미끄러지듯 이어지고, 브론즈로 만든 난간 손잡이 라인도 무척 아름답지요. 천창으로는 자연광이 쏟아져 들어오고요. 정인하 교수님의 연구에 따르면, 채광은 미스 반데어로에의 건축과 차별화되는 요소 중 하나였어요. 미스 반데어로에는 천창을 별로 안 썼는데 김종성 선생의 작업에는 넓고 환한 천창이 자주 보이지요. 경주의 우양미술관도 그렇고 육군사관학교 도서관도 그래요. 선생은 패션 센스도 남달라요. 매고 계신 넥타이만 봐도 감탄이 절로 나올 때가 있지요.

그런 타고난 미적 감각이 건물과 공간에도 자연스럽게 발현되는 것이 아닌가 싶습니다." 이현영 아키비스트는 대학에서는 건축학을, 대학원에서는 건축 역사를 배웠다. 그 덕분인지 그의 이야기는 정확하면서도 풍성했다.

국립현대미술관에서 건축 아카이빙을 시작한 이유는 건축 역시 한 시대를 미술적으로 증언하는 것이라고 생각했기 때문이다. 2009년부터 2011년까지 국립현대미술관을 이끈 배순훈 관장이 김인혜 학예사(당시 직함)와 기반을 다지는 데 박차를 가했다. 건축 이론가와 건축가를 찾아다니며 틀을 만들고, 각 건축가마다 아카이브가 있는지, 또 기증 의사는 있는지 일일이 확인한 것으로 알려졌다. 그런 과정을 거쳐 정기용 건축가의 건축 자료가 수집됐고, 김종성 건축가의 건축 자료와 생애 자료도 미술관으로 전해졌다. 처음 연락을 받았을 때 김종성 건축가는 도면집 몇 권밖에 없는데 괜찮겠느냐고 했지만, 관련 자료를 갖고 있음직한 직원과 지인들에게 연락을 하고 이들이 적극적으로 협력하면서 일이 빠르게 진척됐다.

김종성 건축가의 아카이브는 힐튼 호텔

건물은 물론 주변 이야기까지 풍성하게 보여준다. 어쩌면 주변 이야기가 더 재미있을지도 모르겠다. 힐튼 호텔 작업이 궤도에 오르면서 김종성 선생이 인테리어 회사와 기술 협력 부서 등에 보낸 서신도 여럿 남아 있다. 한국에 와서도 여러 파트너사에 보내는 영문 서신은 김종성 선생이 직접 작성했다. 그만큼 영어를 완벽하게 구사하는 사람이 없었기 때문이다. 힐튼 본사와 나눈 편지도 여럿인데 개중에는 힐튼 호텔이 완공되고 나서 호텔 회장이 건물을 잘 지어줘서 고맙다며 보낸 서신도 있다. 이현영 아키비스트는 이렇게 업무 서신이 많이 남아 있는 배경을 미국의 업무 방식도 하나의 이유라고 추측했다.

"이 나라는 모든 것을 증거로 남기잖아요. 그것이 기록적 체계를 갖추게 하고요. 개인 자료 시리즈에서는 김종성 선생의 인간적 면면을 엿볼 수 있습니다. 유럽을 여행하며 아내와 자녀들에게 보낸 엽서를 보면, 다정한 아빠셨더라고요. 반면 일리노이 공과대학에 재직하실 때 학교 측과 연봉 협상을 하며 나눈 편지에서는 똑 부러지는 면이 엿보여요. 본인이 학교에 기여한 부분을 기술한 뒤 "그럼에도 이 정도 대우밖에 받지 못한다면 그건 모욕적인 일이다"라고 단호하게 말하지요. 그래서 이듬해 연봉이 많이 올랐냐고 여쭤보니 조금 올랐다고 하시더라고요.(웃음) 미스 반데어로에 사무실에서 독립할 때 오랜 지도 교수와 나눈 편지도 인상적이었어요. 그 교수님이 그러셨더라고요. "올바른 방법으로 시작한다면 아무리 작게 시작해도 문제 없다. 나는 네가 닭장을 만들어도 상관없다. 대신 잘 만들어야 한다." 이런 자료를 살피다 보면 개인의 인생과 프로젝트가 입체적으로 재구성됩니다. 개개인의 성격도 다 드러나지요." 자료는 김종성 선생이 직접 선별해서 전달했다. 자료에는 직간접적으로 참여한 프로젝트도 포함됐는데 본인 참여도가 높은 것만 미술연구센터에서 다시 정리했다. 한두 번 주택도 지을 기회가 있었지만 큰 건물만 할 운명이었는지 모두 어그러져 프로젝트 대부분이 사옥이나 박물관처럼 큰 것들이다.

이제 실체가 아닌 문서와 영상으로만

이현영 아키비스트의 이 말이 기억에 남는다. "김종성 선생은 한국의 시대상에서도 큰 역할을 하신 분이에요. 시대의 흐름을 타며 운도 많이 따라주었다고 생각하는 것이, 한국이 고도성장할 때 대우라는 재벌과 인연이 닿아 그 기업이 막 올라서는 시대에 빌딩도 여러 채 지을 수 있었으니까요. 대우라는 큰 기업의 아이덴티티를 만드는 역할도 하지 않았나 싶습니다. 본인도 그런 것을 잘 알고 계시고, 아쉽다거나 후회되는 것이 별로 없다고 하시더라고요. 그저 매 프로젝트마다 최선을 다했다고요. 실제로 힐튼 호텔 도면만 봐도 얼마나 최선을 다해 일했는지 알 수 있어요. 최초 설계안이 서울시의 허가를 못 받고 고도 제한에 걸리면서 옆으로 뚱뚱하게 지을 수밖에 없는 상황에서도 열심히 문제를 풀어 결국 평범하지 않은 건물로 완성하지요. 힐튼 호텔 철거 소식을 듣고 연말에 1박을 했어요. 남산 뷰 객실을 원했으나 남은 방이 없어 서울스퀘어 뷰 객실에 묵었지만 충분히 좋았습니다. 서울 도심이 한눈에 펼쳐졌어요. 그런 호텔이 이제 사라지다니, 많이 아쉽습니다."

국립현대미술관에서 만난 수많은 설계 도면과 그 종이에 담긴 땀과 노력, 그리고 숨 가쁜 속도로 직진하며 달렸던 시간…. 처음에는 이런 자료라도 풍성하게 남아 있어 너무 다행이고 반갑다는 생각이었는데, 곧 그 역사적 건물을 실체가 아닌 문서와 영상으로만 짐작하고 가늠하며 상상해야 한다는 사실이 못내 아쉬웠다. 어떤 존재가 사라진다는 건 그걸 둘러싼 과거와 현재는 물론 미래까지 통틀어 모든 시간대가 통째로 없어지는 것이고, 무언가를 부수고 무너뜨리는 건 그리 간단한 일이 아님을, 몇 해가 걸리더라도 신중히 또 신중히 결정해야 할 일이란 걸 알겠다.

보기 드문 명작이자

우리 건축의 유산

황두진 건축가

황두진 건축가는 힐튼 호텔 보존과 관련해 가장 열렬한 마음을 갖고 있는 이 중 한 명이다. '힐튼 호텔과 양동지구의 미래'를 주제로 서울도시건축전시관에서 열린 심포지엄에서는 좌장을 맡아 논의를 이끌었다. 힐튼 호텔이 사라진 자리에 새로운 건물을 올리게 될 이지스자산운용 측에 이번 이슈와 관련한 발제를 요청하기도 했다. 또 남성 잡지를 포함한 여러 매체에 글을 기고했다. 그중 한 곳이 유료 구독제로 운영하는 <SPI Seoul Property Insight>이고, 김종성 건축가도 여기에 올라온 글을 보면서 다시금 깊은 이야기를 할 수 있었다. 황두진 건축가는 건축계가 문화유산으로 지정할 만큼 가치 있는 건물을 보존하기 위해 어떤 노력을 해야 하는지, 어떤 방법을 찾을 수 있는지 함께 고민하고 싶다고 했다. 힐튼 호텔의 생명을 더 이상 연장시키지 못한다는 최종 결론을 들었을 때는 '할 수 있는 것이 이것밖에 없나?' 하고 무력감을 느꼈다고 했다. '이렇게 열심히 하면 그 너머엔 무엇이 있을까? 보존을 위한 무언가가 있기는 할까?' 그럼에도 그는 계속해서 작은 공을 쏘아 올리리라 다짐했고, 이번 인터뷰도 그 의지의 연장선에서 이루어졌다.

힐튼 호텔을 지켜야 한다는 여러 적극적 활동에도 불구하고 2022년 12월 30일 끝내 힐튼 호텔이 문을 닫았습니다.

공론의 정도가 충분치 않았지요. 공공시설이 아닌 데다 특급 호텔이기도 하니까 이용하는 사람이 많지 않고 구심점도 약할 수밖에요. 하지만 역사적으로 가치가 있는 건물을 평가하는 기준이 대중적 인기 투표는 아니지 않나요? 대부분의 사람들하고 직접적인 관계가 없다고 하더라도 그 분야에 있는 전문가들이 중요하다고 말했을 때는 들여다보고, 인정할 수 있어야 하지요. 전국에 산재한 각종 문화재도 전문가들의 평가를 통해서 선정하지 않습니까. 시골에 있는 유명한 종가댁도 문화재로 법의 보호를 받지요. 그럼 이곳은 온 국민이 아는 곳입니까? 아니지요. 역시 사적 건축물입니다. 중요 건축물을 선정하려고 할 때 절대 다수의 사람들에 의해 기억되고 향유되는 것을 기준으로 삼을 필요는 없어요. 다시 힐튼으로 돌아와 보지요. 힐튼 호텔은 사회적 평가가 중요한 기준이 될 수 있는 건축물이에요. 처음부터 그 관점에서 보존의 당위성을 설파했습니다.

분명 건축적, 문화적, 사회적, 정치적 증거가 되는 건물인데 달리 손쓸 수 있는 방법이 없다는 게 놀랍기도 합니다.

큰 범위에서 보면 대한민국 문화재청의 정책하고도 관련이 있는 문제라고 생각해요. 문화재청에서는 그간 근대나 전근대의 문화와 건축물만 다루어왔지요. 현대에 만들어진 것은 본인들의 소관이 아니라고 생각한 것 같은데 문제는 현대 유산이 빠르게 쌓여 가고 있다는 거예요. 미스 반데어로에나 르코르뷔지에의 건축물이 유네스코 문화유산이 되고 있지요. 그들 건축가가 만든 건축물에서 시계추를 조금만 뒤로 옮기면 1970년대예요. 벌써 50년 전 건물인 셈이지요. 문제는 지금 1970~1980년대 건물이 빠르게 헐려 나가고 있다는 거예요. 이를 막을 수 있는 법적 근거가 없어 속수무책으로 사라지고 있지요. 이제 이런 폭력을 막기 위한 법적 선제 조치를 고민해 봐야 할 때예요.

힐튼 호텔이 사라진다는 이야기를 듣고

올해에만 호텔에 다섯 번 정도 갔습니다.

창밖으로 펼쳐지는 남산과 호젓한 정원,

우아하고 화사한 로비와 레스토랑에서 시간을

보내다 보니 호텔이 어떤 특권층만 이용하는

시설이 아니라 많은 사람이 한 번쯤 일상의

호사를 꿈꾸며 하룻밤을 기약하는 공공재가

될 수도 있겠다 싶더군요. 이런 공공재가

없어진다는 사실이 내내 서운했고요.

오래된 한옥이 밀집해 있는 안동 하회마을이나 경주 양동마을은 국내에서 먼저 법적으로 보호받는 대상이 됐어요. 이후 유네스코 세계문화유산으로 지정됐지요. 그러면서 많은 사람이 이곳을 다시 찾기 시작했고요. 그 전부터 우리 모두가 간 건 아닙니다. 법적 보호를 받고 문화재로 지정되면서 비로소 공공재가 된다고 생각해요. 우리나라 문화재 중 공공의 소유가 얼마나 됩니까. 사적 소유물도 셀 수 없이 많지요. 탁월한 보편적 가치를 갖고 있고 시대를 증언하는 건물이면 당연히 법적 보호를 받아야 합니다.

미국에서 공부했고 힐튼 호텔 보존을 위한 대담회에서 미국이 오래된 건축을 보존하는 사례를 종종 공유했습니다. 다시 한번 자세한 내용을 듣고 싶습니다.

미국에는 '내셔럴 히스토릭 프리저베이션 액트National Historic Preservation Act'라는 장치가 있어요. 건축가들이 농담 삼아 헌법보다 위에 있다고 말하지요. 이 법이 적용되는 곳에서는 아무것도 할 수가 없어요. 범위도 상당이 포괄적입니다. 아폴로 11호가 달에 착륙하던 당시의 미션 컨트롤 룸도 문화재로 지정됐어요. 영화를 보면 사람들이 일렬로 컴퓨터 앞에 쭉 앉아 있고 그 중간에 총책임자가 서 있는 곳 있잖아요. 이곳이 법에 의해 문화재로 지정된 거죠. 이렇게 되면 누구도 그곳에 손을 못 대요. 나사 입장에서는 곤혹스럽지요. 배선도 바꾸고 장비도 업그레이드해야 하는데…. 근데 그 방은 그대로 두고 하나 더 새로 지었다고 하더라고요. 그 정도로 강력한 법입니다. 협상의 여지가 없는. 그 법이 만들어진 계기가 있어요. 펜실베이니아 스테이션이라고, 사진으로만 그 흔적을 볼 수 있는 오래된 기차역인데 그곳을 허물고 매디슨 스퀘어 가든이 들어서요. 그렇게 기차역을 허물었을 때가 되어서야 시민들은 깨닫습니다. '도대체 우리가 무슨 짓을 한 거지?' 미국에는 오히려 세련된 디벨로퍼가 많아요. 영화를 보면 악마처럼 나오지만 부동산 개발의 역사가 되거나 미국의 랜드마크를 근사하게 만들어내는 경우도 많지요. 저희의 소망이자 목표는 현재 문화재청에서 시행하는 문화재 지정 관련 법과 제도에 앞서 역사적 건물을 보호할 수 있는 사회적 장치를 만드는 겁니다. 100% 시장경제에만 맡긴다고 하면 결과는 뻔해요. 일부 공공 건물만 빼고는 후손에게 물려줄 수 있는 건물이 몇 개 없는 상황이 올 거예요. 힐튼 호텔을 허물고 올라간 새 건물은 이런 논의의 필요성을 살펴보는 계기가 될 거예요. 괜찮은 건물이 지어지면 '공공이 나설 필요가 없겠구나' 하고 의견이 모아질 테지만, 별로인 건물로 바뀌면 논의가 불가피하겠지요.

힐튼 호텔 이야기를 하고 있지만 한 번쯤 되돌아 봐야 할 한국의 건축 문화에 관한 이야기라는 생각도 듭니다.

이번 논의의 핵심인 질문은 '우리가 과연 이 땅에 있는 건축을 사랑하느냐', '건축물에 애정이 있느냐', '어떤 건물을 허문다고 했을 때 생기는 애정이나 관심이 아니라 평소에도 애정이 있었느냐' 하는 거예요. 힐튼 호텔 보존과 관련한 열쇠는 이제 서울시로 넘어갔어요. 건축계 몇몇 인사가 시청 유관 공무원을 설득하고 인허가 과정에서 힐튼 호텔의 로비나 외벽을 살린다고 한들, 그래서 이지스자산운용 측이 너무너무 억울하지만 중재안을 받아들인다 한들, 그건 결국 파워 게임이잖아요. 지속 가능성을 담보할 수 없지요. 가장 좋은 건 사회적 공감대가 형성되고 이를 토대로 이지스자산운용 측에서도 일정 부분 보존하는 것을 긍정적으로 생각해 본인들이 계획하는 상업적 목표와 조화를 잘 이루는 겁니다. 어떤 식으로든 등 떠밀려 하는 형국이 아니고요. 그 과정에서 이지스자산운용이 손해를 봐야 한다고 생각하는 사람은 없습니다. 저 역시 그렇고요.

힐튼 호텔을 사수하는 데 이렇게 열심인 이유가 뭘까요?

1970~1980년대에 지은 건물은 현재 기준으로 보면 낡아서 쓸모가 이전 같지 않지만, 그럼에도 불구하고 적절하게 손을 봐서 생명을 연장시키면 사회적 선善이 더 크다고 생각해요. 그런 건물에 관심을 갖고, 또 지켜야 할 건축물은 지켜야 한다고 생각하고요. 개인적으로도 오래된 건물을 레노베이션하는 작업을 많이 했는데, 저희 세대부터 옛 건물을 고치는 의뢰가 왕왕 들어왔어요. 저는 한편으로 1960년대 말이나 1970년대 초에 지은 상가 아파트를 추적해 <서울신문>에 36회에 걸쳐 연재하고, 그 내용을 묶어 단행본으로 출간하기도 했고요. 보편적 차원에서 오래된 건물이 필연적으로 맞닥뜨리게 되는 상황에 대해 많은 이야기를 했다고 볼 수 있습니다. 부동산 매체 <SPI>에 연재를 하면서는 '레거시 플레이스legacy place'라는 신조어를 만들었습니다. 비슷한 표현으로 '헤리티지 빌딩'이라는 말이 있는데, 플레이스로 단어를 바꾸면 건축은 물론 구조물과 공원도 들어갈 수 있지요. 힐튼 호텔에는 사회적 의미가 깃들어 있어요. 한국 근대사의 '개념적 모델'의 증거물이지요. 근대 이전에 한국은 굉장히 폐쇄적인 외교를 했습니다. 세계의

일원이 아니었어요. 이후 한동안 일본을 통해서만 세계와 소통할 수 있었고, 오랜 세월 끝에 압제에서 벗어났습니다. 그러다 한국전쟁이 일어났고요. 폐허의 땅을 보면서 청년 김종성은 건축가의 꿈을 키우지요. 그리고 그 방법을 전쟁의 승자이자 세계의 주인공인 미국에서 찾습니다. 유럽이 아니라. 그리고 미스 반데어로에라는 당대 최고의 건축가에게 실무와 철학을 배우지요. 힐튼 호텔은 그에게 배운 현대건축의 정수를 지금 봐도 전혀 손색이 없을 만큼 완벽하게 고국에 구현한 건물입니다. 이는 한국인의 국가 발전 모델이기도 해요. 목표를 정해 놓고 그 정도 수준의 결과물을 만들기 위해 전력 질주하는. 힐튼 호텔을 1983년에 세웠으니 설계는 아마 1970년대에 했을 겁니다. 그 시대에 이런 수준의 가시적 성과를 낸 사례가 있었나요? 여수국가산업단지나 울산현대조선소도 떠오르는데 힐튼 호텔은 그에 필적하는, 경쟁력이 글로벌 레벨이던 건축물입니다. 대한민국의 성장 신화를 증거하는 사례지요. 그런 가시적 증거물이 서울 한복판에 있었던 거고요. 그런 건물을 헐어버려도 될지…. 지금은 민간에서만 토론이 이뤄지고 있을 뿐 서울시 공무원,

전국의 공공 문화 기관장, 시설 책임자를 포함한 공공은 강 건너 불 구경하듯 하고 있습니다. 내 입장은 이렇다, 하고 의견을 내고 사회 리더들도 함께 묻고 고민해야 할 문제라고 생각합니다.

김종성 선생을 향한 애정도 남다른 듯합니다. 2018년 김종성건축상 수상자이기도 하지요.

제가 82학번입니다. 건축가가 되고 싶어 관련 책도 열심히 찾아 읽었습니다. 그 무렵 힐튼 호텔이 완공됐고요. 어린 눈에도 그 건물은 좀 다른 거예요.(웃음) 대학 시절, 미스 반데어로에 제자가 한국에 머물고 있는데 대학원에서 강의를 한다는 이야기가 떠돌아다녔어요. 수업 내용도 대단하다는 거예요. 그 제자가 바로 김종성 건축가였죠. 1980년대 초반이니 선생님이 50대 초반이셨겠네요. 중년의 매력이 철철 넘쳐흐르던 때죠. 2학기 과정으로 이루어진 1년짜리 과목이었는데 선생님께 부탁해 2학년 올라가서도 수업을 들었어요. “저 청강해도 됩니까?” 했더니 “추가로 듣는 수업이니 학점은 없다. 발표도 해야 돼!”라고 말씀하시더라고요. 2년 수업을 듣고는 군대에 들어갔는데 제대 하자마자 빡빡머리로 선생님이 계시던 서울건축을 찾아갔어요. 일을 하게 해주셨으면 좋겠다고 말씀드렸더니 다음 주부터 나오라고 하시더라고요.

2년이나 수업을 들은 학생이라고 알아보시던가요?

그분, 기억력이 보통 아닙니다. 이름이 생각 안 날 때는 있겠지만 기억을 더듬어가며 하시는 말씀은 무척 정확하지요. 저도 그랬습니다. 서울건축에 다니다가 미국으로 유학을 가는 바람에 오랫동안 연락이 끊겼어요. 마음먹으면 뵐 수 있었겠지만, 선생님께 많은 것을 배웠는데 건축적으로 작은 성취라도 이루고 가야겠다는 생각이 있었어요. 그러다가 김종성건축상을 받은 거고요. 제자이기도 해서 서류를 낼까 말까 고민을 많이 했어요. 한 가지 희망은 선생님이 워낙 정확하신 분이라 분명 건축적으로만 평가하실 거라는 믿음이 있었어요. 친분 관계가 있으니 오히려 떨어뜨릴 수도 있겠다 싶었고요. 이런저런 생각이 들었지만, 여기까지

왔습니다, 하고 보여드리고 싶었어요. 김종성건축상은 선생님이 심사를 하지 않습니다. 다른 심사위원들이 우승자를 골라 관련 서류를 올리면 선생님이 최종적으로 재가를 하는 구조지요. 아마도 반가우셨을 거예요. 이놈이 이만큼 컸구나, 하셨겠지요. 2019년 헝가리 부다페스트에서 한국현대건축전이 열렸어요. 건축가 30여 명의 작품을 소개했는데 전시 공간을 디자인한 분이 김종성 건축가의 SK빌딩과 제가 설계한 천안의 캐슬 오브 스카이워커스(프로 배구단 현대캐피탈 스카이워커스의 복합 훈련 시설)를 딱 마주 보게 배치해 놓은 거예요. 30년 전 선생님께 수업을 들으면서 이런 날이 올 거라고는 상상도 못 했지요.

학교에서 김종성 건축가는 어떤 분이었나요?

제가 학생 때는 차가움 그 자체인 분이셨어요.(웃음) 정확하고 무서우셨지요. 나이가 들면서 부드러워지고 농담도 하고 그러시지만, 예전에는 그렇지 않았습니다.

힐튼 호텔은 정확한 비례와 구조에서 느껴지는 아름다움이 단연 돋보이지만, 젊은 건축가들 사이에서는 김종성 선생의 스승인 미스 반데어로에가 설계한 미국의 시그램 빌딩과 너무 비슷한 것 아니냐는 의견도 있습니다.

김종성 선생님과 미스 반데어로에 양쪽 세대를 모두 이해하거나 건축적으로 관점이 다른 경우 충분히 나올 수 있는 의견이라고 생각합니다. 미국에서 유학을 했고 건축이 전공이다 보니 개인적으로 시그램 빌딩을 모를 리가 없는데, 시그램과 힐튼 호텔이 유사하다는 생각은 한 번도 안 해봤습니다. 굳이 확대경을 들이대면 두 건물에 사용한 대리석 시공업체가 같다는 정도를 이야기할 수 있겠지요. 왜 나는 그런 생각을 못 했을까 돌아보면, 나에게는 힐튼 호텔의 외벽 못지않게 중요한 것이 내부 공간이기 때문이 아니었나 싶습니다. 시그램 빌딩은 로비가 좋고 미스 반데어로에가 즐겨 쓰던 재료를 충실하게 사용한 건물이에요. 미스가 레거시 위에 서 계신 분은 맞지만 시그램에 힐튼 호텔에서 볼 수 있는, 그렇게 풍성한 내부 공간이 어디 있습니까. 힐튼 호텔 로비의 구성은 상당히 유럽적이에요. 남산 자락의 경사지를 반영해 계단을 중심으로 풍성하고 화려한 로비와 지하 로비가 펼쳐지고, 지하 로비 옆으로는 식당과 바가 자리해 있지요. 유럽이 광장과 지형을 조직하는 방식이에요. 미스가 유럽 사람이긴 하지만 그분 건축물 중에 힐튼 호텔만큼 입체적인 곳이 있나 싶습니다. 여러 종류의 건축물을 설계했지만 호텔은 없는 것으로 알아요. 힐튼 호텔이 사라졌을 때 가장 아쉬운 공간을 꼽으라고 한다면 역시 로비입니다. 이곳은 상당히 독창적인 곳이에요. 넓은 공간에 분수대가 있고, 황동으로 마감한 기둥이 천장으로 호쾌하게 이어져 개방성이 느껴집니다. 건축은 재료나 공법만을 말하지 않습니다. 공간과 맥락을 다루는 방식이 오히려 근원적 의미에 가깝지요. 미스의 핵심은 철과 유리로 만든 입면의 정확한 비례와 규칙이에요. 김종성 건축가는 미스의 건축을 중시했지만 공간 그 자체에도 관심이 많으셨지요. 그가 대학원에서 한 강의 제목이 건축공간구성론이었어요. 힐튼 호텔은 그런 그의 공간에 대한 관심과 감각이 잘 반영된 프로젝트라 생각하고 충분히 독창적이라고 봐요.

이전에 쓰신 글에서 본 것인데, 특정 시기의 향기와 질감이 층층이 쌓여 있어야 도시의 풍경과 공기도 풍성해진다는…. 힐튼 호텔 보존은 그런 입장과도 정확히 부합하는 어젠다 같습니다.

사람도 그렇잖아요. 몸에 착용하고 두른 것이 전부 일주일 전에 산 것이라면 그게 멋집니까? 멋쟁이란 소리를 들을 수가 없지요. 시계는 아버지가 차던 건데 물려받은 거고, 신발은 입사를 기념해 산 건데 너무 소중해서 몇 년째 신고 있는 거고…. 이렇게 이야기가 있어야 멋이 스며들지요. 도시도 마찬가지라고 생각해요. 1960년대 미국에서 도시 계획 이론가로 활동한 제인 제이콥스라는 사람이 있어요. <미국 대도시의 죽음과 삶The Death and Life of Great American Cities>이라는 책을 썼는데, 명저예요. 그 사람이 주장한 것도 좋은 도시에는 오래된 건물이 있어야 한다는 거예요. 모든 근거가 미학적 이유 때문만은 아니에요. 오래된 건물이 싸다는 것도 이유 중 하나인데, 그래야 젊은 사람들이 와서 일할 수 있고, 그래야 또 사회가 굴러간다는 거죠. 여러 계층을 흡수하고 통합하는 소셜 믹스 차원에서도 오래된 건물은 중요해요. 대한민국은 끊임없이 쪼개고 분리하고, 남과 나를 차별화합니다. 그게 내셔널 키워드라도 된 모양새인데, 넉넉하게 품어주는 포용성도 중요합니다. 인간은 순간적인 쾌락을 원하지만 동시에 근본이 있는 존재이기를 희망합니다. 그래서 역사를 공부하는 거고요. 그럴 때 역사적 건축물은 설명이 필요 없는 증거가 됩니다. 그것도 아주 우아하고 기품 있는 증거물이지요. 그런 건물과 더불어 일상을 영위하는 것이 '도시적 삶'이라 생각해요. 모든 사람이 품위 있게 나이 들지 않지요. 어떤 분위기나 멋 없이 그저 노화만 진행되는 사람도 있습니다. 건물도 마찬가지인데, 힐튼은 일반적이지 않은 공간이었다고 생각합니다. "너희에게도 품위 있는 호텔이 있어?"라고 물었을 때 "힐튼 호텔에 가봐" 하면 끝나는 겁니다. 오늘날 대한민국은 전 세계에 여러 가지 물건을 팔고 있는데, 돌아보자고요. 한국의 어떤 섹터에 그렇듯 품위 있는 공간이 존재하나요? 힐튼 호텔 보전 문제를 이야기하면 상업 공간에 무슨 공공성이 있느냐는 말이 단골로 나오곤 하죠. 근데, 상업 자본만이 만들 수 있는 품위도 있습니다. 그것이 상업 자본의 힘이지요. 힘든 여건을 극복하고 성공적으로 만들어놨으면 인정도 해줘야지요.

품위 있는 오래된 건물이 많지 않다는 건 문화 자산의 빈약함과도 직결되는 문제라고 생각합니다. 선진국에는 있고 후진국에는 없는 것이, 잘 관리되고 여전히 사랑받는 오래된 건축물이고요.

힐튼 호텔뿐 아니라 그즈음 앞서거니 뒤서거니 지은 모든 건물을 포괄적으로 바라볼 필요가 있어요. 힐튼 호텔이 완공된 때가 1983년이고, 국립현대미술관 과천관은 1986년에 완공했습니다. 예술의전당이 그다음이고요. 그 전후에 수많은 건축물이 지어졌는데, 공간 개편이니 리모델링이니 하는 이야기가 나오는 시점이지요. 논의를 거쳐 가시화되고 종료되기까지 5~6년이 걸린다고 치면 몇 년 후에 바로 50년이 됩니다. 관련 법상 심의 단계에 들어갈 수 있는 자격을 획득할 수 있는 거지요. 그런데 리모델링 때문에 원형이 손상돼 문화재로서 가치가 없어지면 그 책임은 누가 집니까. 이런 상황을 만들지 않을 정도의 변화만을 선제적으로 허용하는 법적 규제가 50년이 됐을 때부터가 아니라 그 전부터 작동해야 하는 거지요. 모든 것이 엄청나게 빨리 바뀌고 변하는 대한민국에서 50년은 너무 긴 시간입니다. 건물의 운명도 허망해요. 주인이 바뀌고 보살핌을 받지 못하면 버려진 자식들처럼 가련한 신세가 됩니다. 그렇게 방치되는 건물이 많아지고 몇십 년이 지나면 한국에 우리 시대를 증거하는 건물은 거의 사라지게 되겠지요. 이게 문명 국가에서 일어날 일입니까? 문명 국가라면 해야 할 도리가 무엇인지, 그걸 위해 사전에 마련해야 할 법적 규제와 장치는 무엇인지 미리 살피고 논의 해야지요. 사업적 능력, 디자인 실력, 사회적 공감대 등 우리에겐 이미 다 있어요. 그걸 종합적으로 작동하게 하는 장치만 없을 뿐이지요.

결정권이 있는 것은 아닙니다만, 힐튼 호텔을 리모델링한다면 어떤 방법이 있을까요?

현재는 서울 구도심의 서남부, 그러니까 서울역과 남산이라는 서울의 랜드마크가 유기적으로 연결이 잘 안돼 있지만 관심을 가질 만한 프로젝트라고 생각합니다. 보존 방법에 대해서는 김종성 선생님이 이미 답을 냈어요. 1단계는 건물 외곽을 유지하는 선에서 인테리어와 프로그램을 바꾸는 겁니다. 다만 여기에는 태생적 한계가 있어요. 처음부터 호텔로 계획해서 지은 건물이니까요. 설계와 준공 당시만 해도 한국은 층고를 여유 있게 요구하는 시대가 아니었어요. 그 때문에 객실 층고가 높지는 않지요. 요즘 오피스는 4m는 되어야 하는데 호텔 객실은 그 정도가 안 됩니다. 그래서 김종성 선생님도 일반 오피스보다는 젊은 사람들이 창업과 관련된 일을 하는, 주거와 사무실이 결합된 플랫폼을 제안했지요. 힐튼 호텔을 넘어서는 또 다른 특급 호텔로 전환하는 것도 말처럼 쉽지는 않아요. 요즘 특급 호텔은 층고가 높아야 하고, 프런트가 넓어야 해요. 들어서자마자 화장실과 옷장이 있고 그 너머에 침실이 있는 구조는 옛날 스타일이지요. 욕실이 창가에 있어 경관을 즐기며 반신욕이나 목욕을 즐기는 것도 중요한 요소인데, 힐튼은 욕실이 안쪽에 있습니다. 그렇다고 방 2개를 합쳐 하나로 만들면 객실이 너무 넓어지고요. 그다음 단계는 로비를 살리는 쪽으로 설계를 하는 겁니다. 어차피 한 동짜리 건물이 들어서지 않을 테니 건물 2개를 연결하는 엔트런스 파빌리온 같이 현재의 로비를 활용하는 거지요. 유럽에서 흔히 볼 수 있는 회전 교차로, 즉 라운드 어바웃round about처럼요. 건물 내에 또 다른 건물이 있는 것 같은 느낌도 줄 수 있을 겁니다. 남산의 경사로를 따라 지은 건물이니 서울스퀘어 야외 공간과 그곳에서 뻗어 나온 공공 보행로를 지나 에스컬레이터를 타고 힐튼 호텔로 들어서는 큰 그림도 상상해 볼 수 있습니다. 용적률은 사실 큰 문제가 아니에요. 힐튼 건물을 놔두고 그 옆에 새로 건물을 지으면 되니까요. 강남에 라마다 르네상스 호텔이라고 있었지요. 김수근 건축가의 작품으로 지금은 기존 건물을 허물고 새 건물이 들어섰어요. 이곳에 가면 김수근 건축가의 작품이었다는 것을 알리는 작은 기념물이 있어요. 건물 파편만 남겨놓고 아주 소극적인 방식으로 역사를 보여주는 것이지요. 하지만 건축물은 공간이 있어야 합니다. 공간 안에 사람을 담는 것이 건축이니까요.
방법을 찾는 것이 아주 귀찮은 일이긴 하지만 마음만
있다면 충분히 근사한 방법을 찾을 수 있을 겁니다.

4장

힐튼 호텔을
바라보며

도시 설계 관점에서 본
힐튼 호텔과 양동 지구

2021년 말 힐튼 호텔이 개발업체에 매각됐다. 2022년 4월 서울도시건축전시관에서 '남산 힐튼 호텔과 양동정비지구의 미래'라는 주제로 심포지엄이 열렸다. 9개의 건축 관련 단체가 기획하고 건축가, 역사학자, 비평가 등 여러 분야의 전문가들이 참여했다. 역사 속 공공 건축물의 경우 철거나 보존에 관해 논의된 적은 있지만 사유 재산인 호텔의 철거와 보존 문제에 건축계가 대대적으로 나선 적은 없었다. 현장뿐 아니라 유튜브로도 많은 사람이 참여했다고 들었다. 나는 뉴욕에서 서두에 발언을 했다.

힐튼 호텔의 소유주가 바뀌면서 서울역에서 남산으로 이어지는 지역, 양동지구의 미래에 대한 관심이 커졌다. 4월의 심포지엄에서는 서울역부터 남산까지의 보존과 개발이라는 단순 이분법을 넘어 서울 구도심의 주요 거점에 대한 생산적 논의, 입체적 제안이 나왔다. 이러한 공론의 자리가 만들어진 것이 변화라고 생각한다.

나는 지난 20개월간 다양한 언론 매체를 통해 힐튼 호텔을 부분 보존하고 개발업체의 이윤도 창출하는 윈윈 전략을 피력해 왔다. 이번 기회에 서울시가 보다 광역적인 양동지구 개발 방향을 제시해 서울역 부근의 도시적 면모를 새롭게 탈바꿈시키는 기회로 삼을 것을 촉구한다. 힐튼 호텔을 일반 건물이 아니라 서울의 관문인 서울역 앞에 위치한 양동지구의 구성 요소로 간주하는 것이 바람직하고, 그러한 도시 설계 관점에서 양동지구의 30년, 50년 미래상을 상정해 볼 때 서울역 전면에 녹지를 조성하는 것이 바람직하다고 본다. 서울역 동쪽 광장 밑에는 지하철 노선이 밀집해 있어 도로의 지하화는 실현 불가능하므로 도로 위를 데크로 덮고 그 위에 공원을 조성하는 것이다. 서울스퀘어의 계단 열 몇 개를 올라가면 연결되는 1층 로비가 새로 조성되는 녹지 광장과 연결될 가능성이 있다. 그렇게 되면 서울스퀘어의 성격이 바뀌면서 더욱 개방되고 안팎이 소통되는 변화가 일어나지 않을까. 서울스퀘어 빌딩 저층부는 현재의 편평한 외피에서, 요철이 있고 좀 더 투시되며 동시에 시각적으로 다공성을 띠는 외관으로 개축하는 것이 바람직하다. 서울시가 행정지도를 통해 현 서울스퀘어 건물 5~6층 정도 높이에 서울역과 힐튼 호텔을 연결하는 약 20m 너비의 통로를 만들어 시민에게 개방할 것을 제안한다. 이와 비슷한 외국 사례로 홍콩 상하이 은행 본점 1층이 있다. 이곳은 항상 시민에게 개방되어 있고, 태풍이 불 때는 안전을 위해 셔터를 내릴 수 있도록 설계했다.

그 공간을 개방했을 때 생길 임대 수익 손실을 보상해 주는 방안으로 서울시에서 검토할 수 있는 방법 중 하나는 용적률 인센티브를 적용해 수직 증축을 유도하는 것이다. 앞에서 제안한 서울스퀘어의 한 부분을 시민에게 개방하자는 의견은 집행하는 데 시간이 걸리고 인내가 필요하겠지만 그 효과는 시민들에게 큰 도움이 될 것이다. 따라서 서울역, 서울스퀘어, 기존 힐튼 호텔 부지에 들어설 신축 건물을 연결하는 수평 에스컬레이터 같은 보행로 체계를 적극적으로 도입해야 할 것이다. 이 제안은 현재 힐튼을 개발하려는 업체나 서울스퀘어 소유주들에게만 안기는 과제가 아니다. 조금 더 긴 안목으로 양동을 한 덩어리로 보는 주민들, 더 나아가 시민 모두를 위해 서울시가 고민해야 할 장기 비전이라고 생각한다.

양동지구 북쪽 퇴계로 변에는 옛 대우빌딩과 SK남산그린빌딩, 그리고 옛 GS빌딩이 있는데, 그 건물들의 부지가 모두 작기 때문에 용적률을 부지 단위로 보면 더 지을 수 없는 공간이지만 양동 전체를 고려한다면 조금 더 높게 올리는 것이 타당하다고 본다. 예를 들어 옛 GS빌딩이 18층 정도인데, 그 건물은 도시 설계 관점에서 적어도 35층 정도는 돼야 한다. 지금 힐튼을 매입한 개발업체가 현재 부지에 국한해 800~950%를 목표로 하지 말고, 힐튼 부지에서 사용하지 않는 용적률을 공중권으로 확보해 법이 정하는 거리 내에 있는 부지를 개발할 수 있도록 법률을 제정할 필요가 있다. 남대문경찰서는 규모가 작기 때문에 서울의 관문인 서울역 광장을 구성하는 건물로는 적당하지 않고, 후암동 도로변에 더 큰 규모의 개발 사업을 진행할 경우 저층부에 배치하는 것이 장기적 발전 방향이라고 생각한다.

1978년 힐튼 호텔 설계를 시작하면서 대우는 남대문교회 1세대 교인들, 원로들에게 교회를 매각하고 다른 부지에 신축하기를 요청했지만 남산이라는 위치에 대한 애착이 강해 성사되지 않았다. 45년이 지난 지금, 남대문교회는 신축해 이전하고, 부지는 서울시 중심 업무 지구의 한 부분으로 삼아 장기적으로 변화시키는 것이 바람직해 보인다. 이 또한 서울시 행정지도의 과제가 아닐까 싶다.

남산은 서울 도심에서, 또는 한강로에서 바라볼 때는 산세가 좋지만 만리동, 왕십리 쪽에서 보면 폭이 좁아 럭비공을 반으로 잘라놓은 형태다. 따라서 높이 71m의 힐튼 호텔 건물이 남산을 가린다는 것은 다분히 감정적인 관찰의 결과다. 서울역 광장은 낮아서 서울스퀘어가 먼저 보일 것이고, 물리적으로 힐튼 호텔이 남산을 가로막은 모습을 볼 수 있는 곳은 만리동고개 중간이다. 남산순환도로가 생긴 후에 힐튼 호텔을 설계하면서 타워 매스가 남산하고 대화하는 것처럼 보이도록 디자인하는 것이 목표였다.

내가 힐튼 설계를 시작했을 때는 퇴계로를 통해 부지에 진입해야 했고, 호텔업계에서 얘기하는 로케이션 점수로는 거의 D점밖에 못 받는 곳이었다. 그래서 퇴계로를 따라 올라와 쓰레기 적치장 옆을 지나 호텔로 들어오는 것은 아니라는 결론을 일찌감치 내렸다. 어렵사리 몇 평을 더 매입하도록 대우를 설득해 남산순환도로에서 진입할 수 있게 설계해 경관이 엄청 개선되었다. 힐튼 호텔 계획 당시 인근에 들어선 건물은 서쪽을 가로막는 대우빌딩 외에는 아무것도 없었다.

힐튼 호텔에 새 생명을 불어넣어 앞으로 30년쯤 더 건재하게 하려면 누구든 자유로이 드나들 수 있는 편안한 느낌의 로비 공간이 필요하다. 이를 위해서는 로비 자체에서 느껴지는 고급스러움과 폐쇄성, 즉 돈을 많이 써야 할 것 같은 느낌을 주지 않는 공간으로 변해야 한다.

기존 힐튼에서 보존하고 싶은 것 중 하나는 18m 높이의 로비 아트리움 공간이다. 이곳은 오크 패널링, 트래버틴 바닥, 브론즈 구조재 마감, 그리고 녹색 대리석으로 마감했다. 네 가지 재료로 이루어진 로비를 살리기 위한 방식을 예로 들어보겠다. 뮌헨에 퓐프 회페Fünf Höfe(5개의 마당이라는 뜻, 상층부에 사무실과 아파트가 공존하는 도심의 쇼핑몰)라는, 헤어초크 & 드 뫼롱(자크 헤어초크와 피에르 드 뫼롱의 건축 사무소. 뱅크사이드 화력 발전소를 테이트 모던으로 재생했다)이 설계한 건축물이 있다. 미로처럼 옛날 구조물과 연결되도록 설계한 이곳은 퍼블릭 공간으로 쓰게 되어 있다. 이전 건축물과 새로운 건축물이 하나의 공간으로 여겨지면서 새로운 정체성이 생기는데, 힐튼 호텔 또한 이런 식으로 보존해도 좋지 않을까 생각한다.

현재 힐튼 호텔 로비 북쪽에는 오크 패널링으로 이루어진 폐쇄된 부분이 있는데, 볼룸 윗부분의 벽에 해당하는 이 공간을 새로 짓는 건물의 입구로 사용하면 좋을 것 같다. 남쪽의 시즌스 레스토랑도 오크 패널링으로 되어 있다. 그쪽은 부지가 조금 협소하지만 그곳도 신축할 건물로 들어갈 수 있도록 설계하는 것이 좋겠다는 판단이다.

만약 주거 공간으로 바꾼다고 하더라도 거주자를 위한 프라이빗한 출입구 외에 메인 로비를 만들어 대중에게 개방하는 것이 맞다고 본다. 어떤 식으로 바뀐다 하더라도 외부와 물리적으로 연결돼야 하고, 자유롭게 드나들 수 있는 공간이 돼야 할 것이다.

아울러 현재 옥상 중앙에 냉각탑이 있는 곳은 프로젝트 부지에 힐튼보다 높은 건물이 생기면 그곳으로 옮겨질 것이다. 루버가 붙어 있는 가운데 부분도 식당, 라운지 같은 공공 공간이 들어설 수 있다. 그런 용도의 공간을 배치한다면, 직장인이 어렵게 많은 돈을 들여 가는 게 아니고, 퇴근하면서 잠깐 들러 맥주 한잔 마시고 집에 간다거나 하는 풍경도 떠올려 볼 수 있겠다.

그다음 커튼 월로 구성된 타워를 용도를 바꿔 보존했으면 싶다. 현재는 양동지구의 주거 용도 총면적이 묶여 있기 때문에 아파트가 더 들어설 수 없다고 알고 있고, 현 건축법상 상업 시설이 들어서는 것을 변칙적으로 허용하는데, 이를 양성화해 주거 용도로 조금 늘리면 좋지 않을까. 힐튼 호텔의 경우 현재 객실 층이 호텔 전체 용적률 350% 중 약 180%를 차지하고, 나머지 약 170%는 볼룸, 식당 등 공공 용도다. 따라서 객실 층 연면적에 해당하는 면적을 양동지구의 주거 용도에 더한다면 개발업체의 이윤을 창출하는 데 도움이 될뿐더러 가장 비파괴적인 방법으로 용도를 바꿀 수 있다고 생각한다. 예컨대 지금 객실 층에 엘리베이터 로비를 4개 정도 더 만들고, 층을 올라가 양쪽으로 주거 시설을 만든다면 우리에게 상당히 익숙한 주거 형태가 완성될 것이다.

앞서 얘기했듯이 개발업자 관점에서 힐튼 부지의 장점은 표준 객실 720개가 차지하는 면적이 개발 총면적의 180%, 볼룸·식당·휴식 공간 같은 공공 기능을 위한 면적이 170%였다는 사실이다. 1977년에 설계를 시작할 당시 허용 용적률이 600%였는데, 사업 목표를 달성하기 위한 지상 면적은 350%면 충분했다. 대지의 경사가 심해 나머지 250%는 다른 용도로 쓸 수 있는 땅이 아니라는 것이 개발업체 입장에서는 엄청난 인센티브가 아닐 수 없다. 현재 부지의 기본 용적률은 800%이고, 조례를 잘 해석해 프리미엄을 붙이면 1,050%까지도 늘릴 수 있다.

내가 주장하는 바는 1970년대 말부터 1980년대 초에 이룩한 건축적 성취를 보존하면서 개발업체의 이윤도 창출하는 윈윈의 대안을 고려해 보자는 것이다.

2023년 11월 22일 서울시 도시계획위원회가 힐튼 호텔 로비를 부분 보존한다는 결정을 내렸다. 내가 이 자리를 빌려 반드시 의견을 피력해야겠다고 생각하게 된 것은, 듣기 좋은 '로비 부분 보존' 때문이다. 서울시의 양동구역 정비계획 결정 보도에 첨부된 이미지는 현 로비 1층의 벽을 모두 철거하고 기둥, 난간 정도를 옥외로 가져가 투명한 유리 벽 사이에 전시하는 안이었다. 이는 교묘한 자구책이 아닐 수 없다. 저층 로비에서 4.8m 위에 있는 현재의 1층, 그 위 7.2m 높이에 있는 2층, 또 그 위 6m 높이의 외피와 톱 라이트가 배치된 지붕이 어떤 모습으로든 재구성돼야 보존이란 개념이 빛을 발할 것이다.

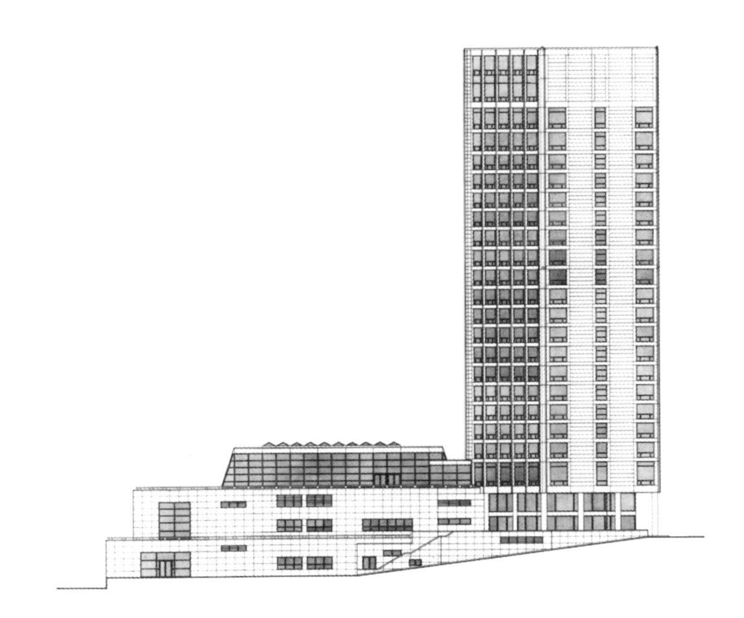

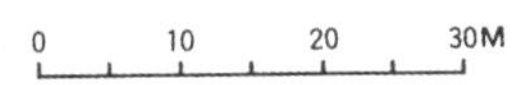

LEFT SIDE ELEVATION

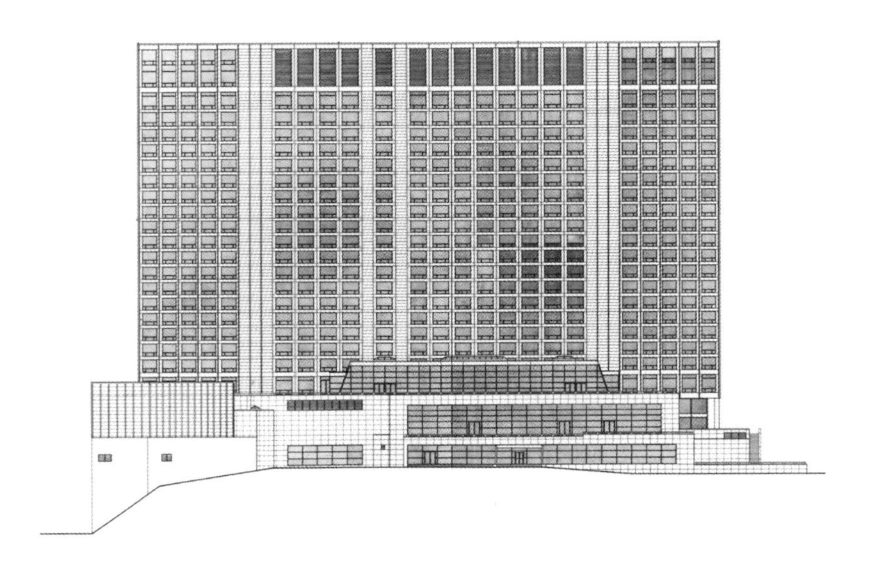

REAR ELEVATION

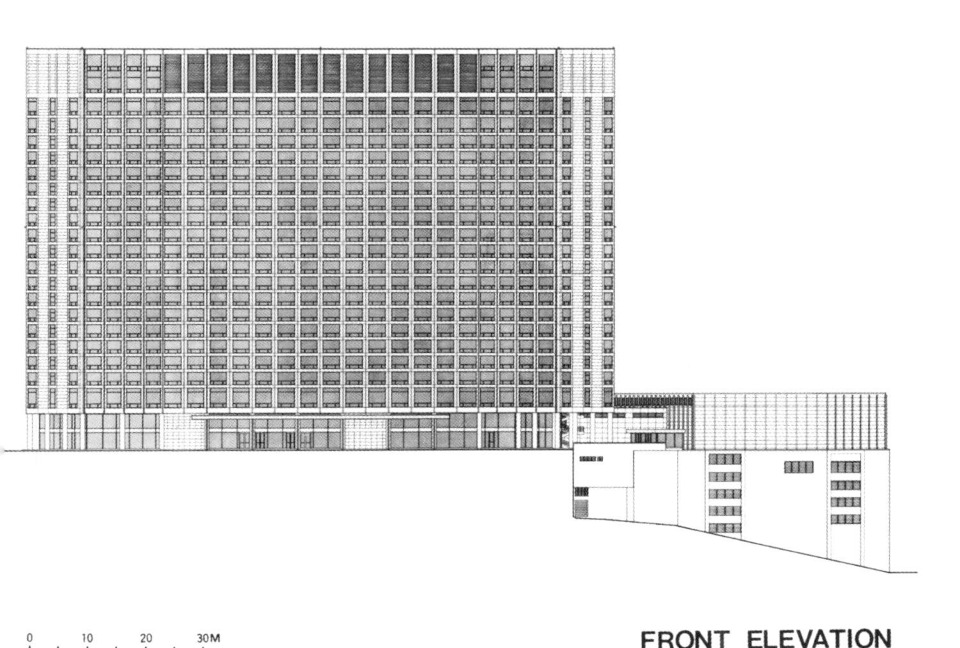

FRONT ELEVATION

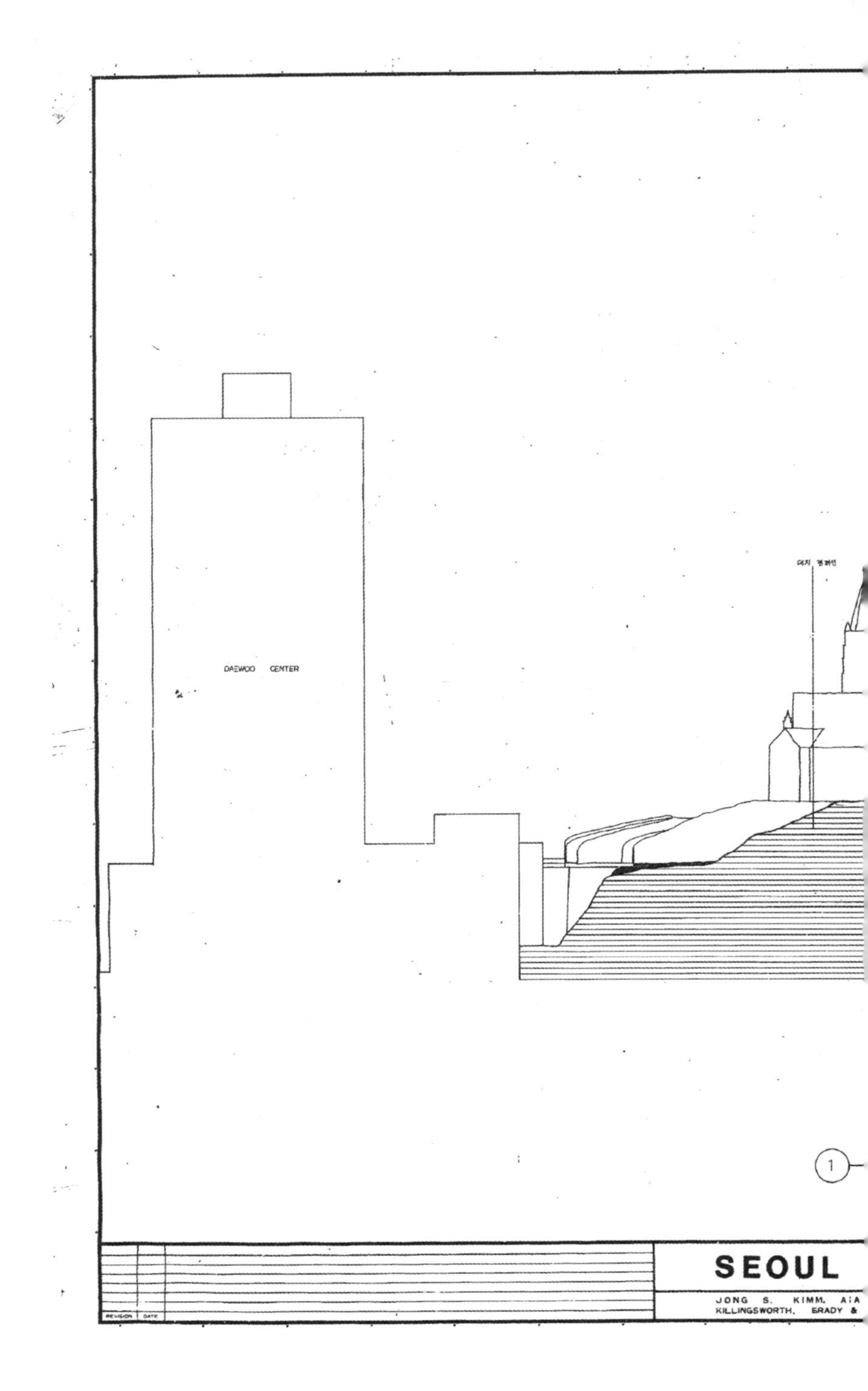
DAEWOO CENTER
1
SEOUL
JONG S. KIMM, AIA
KILLINGSWORTH, BRADY &
REVISION
DATE

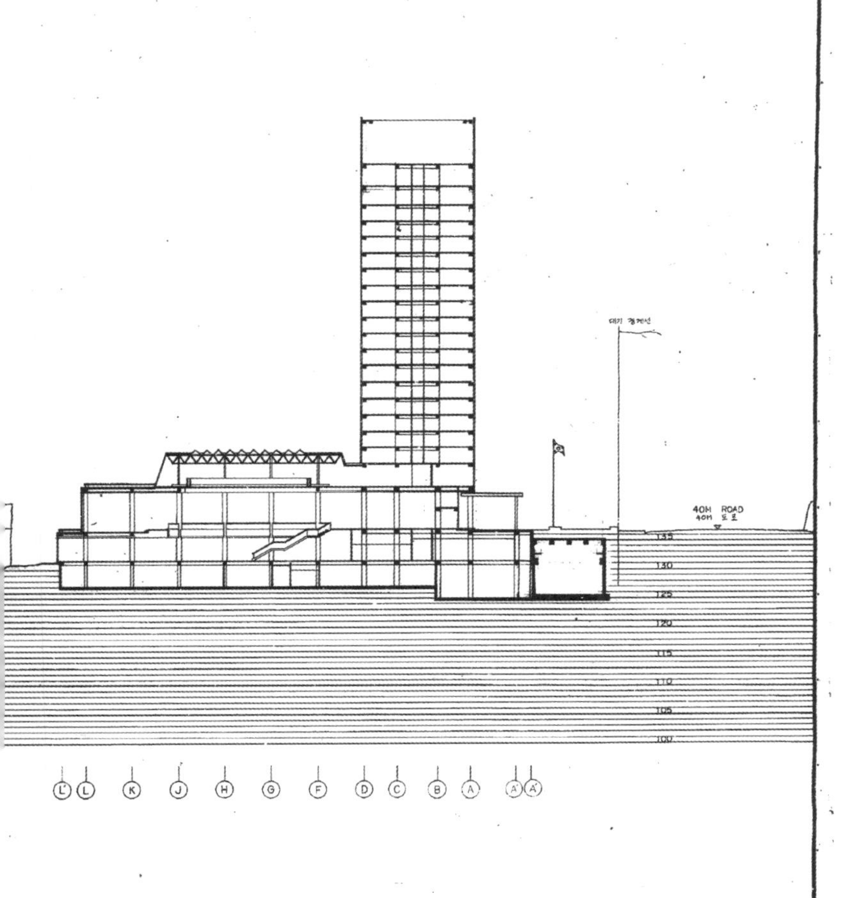

N
1:300

OTEL 006	DRAWING TITLE LONGITUDINAL SECTION (대지 종단면도) SCALE 1 : 300	
CTS CHICAGO LONG BEACH	SAC INTERNATIONAL, LTD. ARCHITECTS – CONSULTING ENGINEERS 한동건축사 서울 제99호 주식회사 서울건축컨설턴트 1-649 YOIDO-DONG YOUNGDUNGPO-KU, SEOUL TEL: 783-7531-7339 DRAWN CHECKED APPROVED	2.5-3

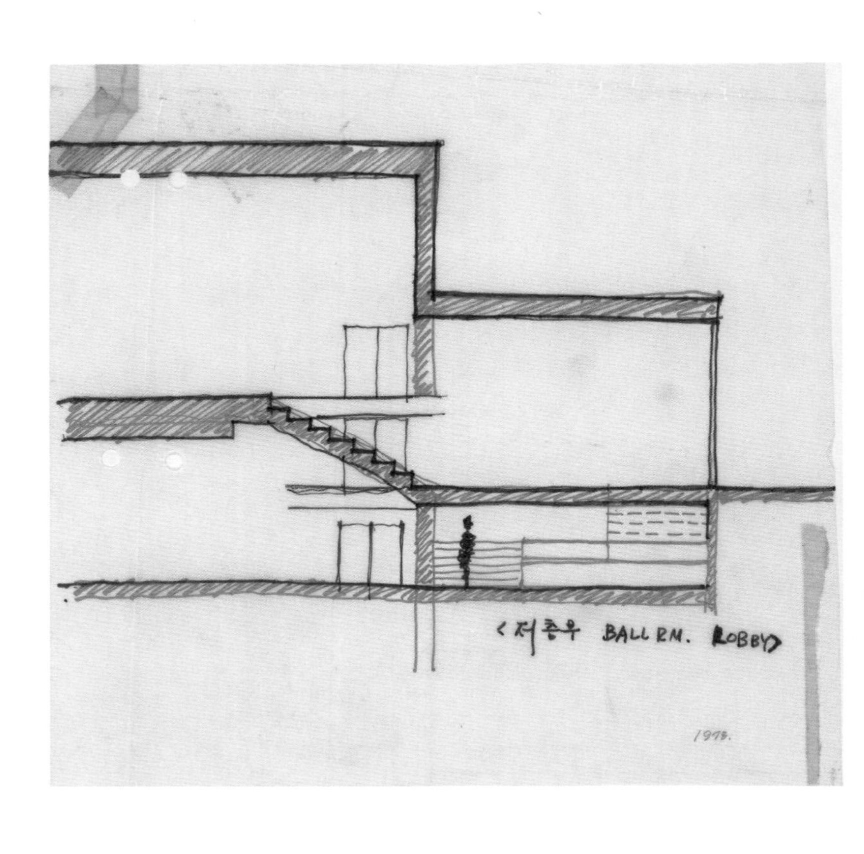
<저층부 BALL RM. LOBBY>
1973.

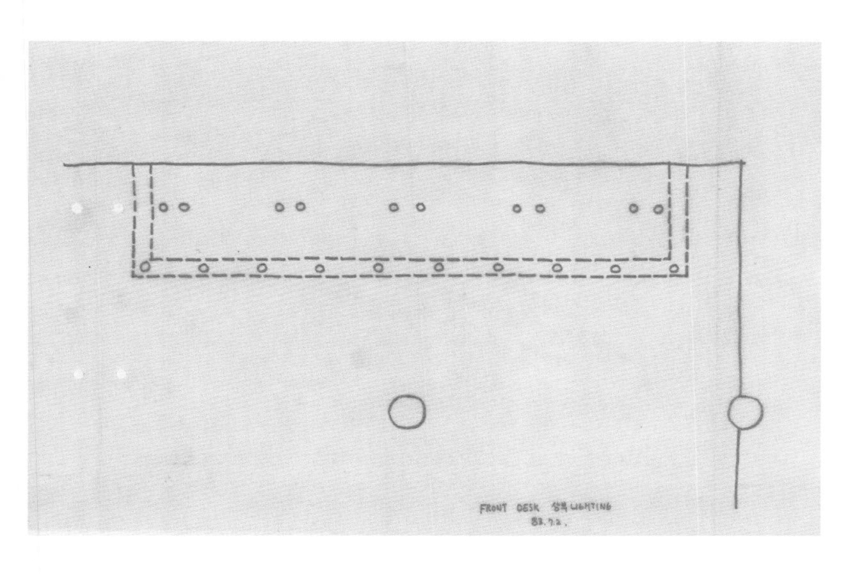
FRONT DESK 상부 LIGHTING
83.7.2.

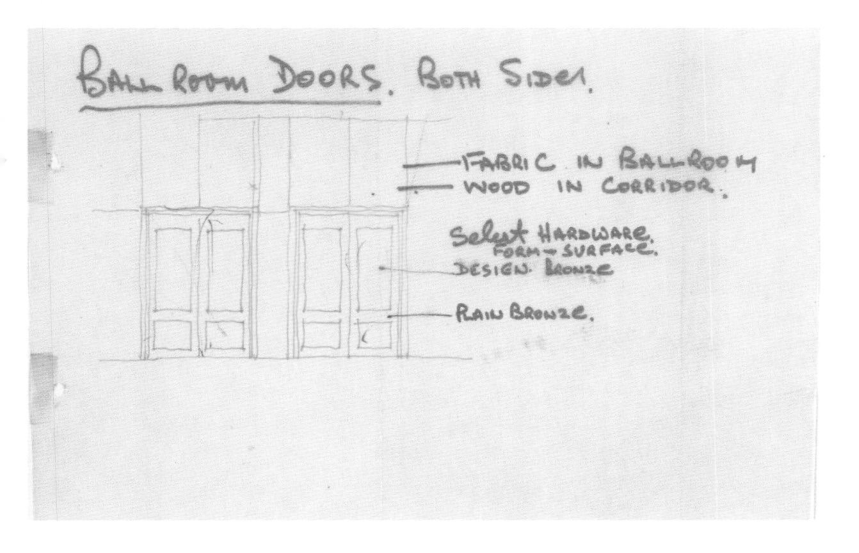
BALLROOM DOORS. BOTH SIDES.
FABRIC IN BALLROOM
WOOD IN CORRIDOR.
Select HARDWARE.
FORM – SURFACE.
DESIGN. BRONZE
RAIN BRONZE.

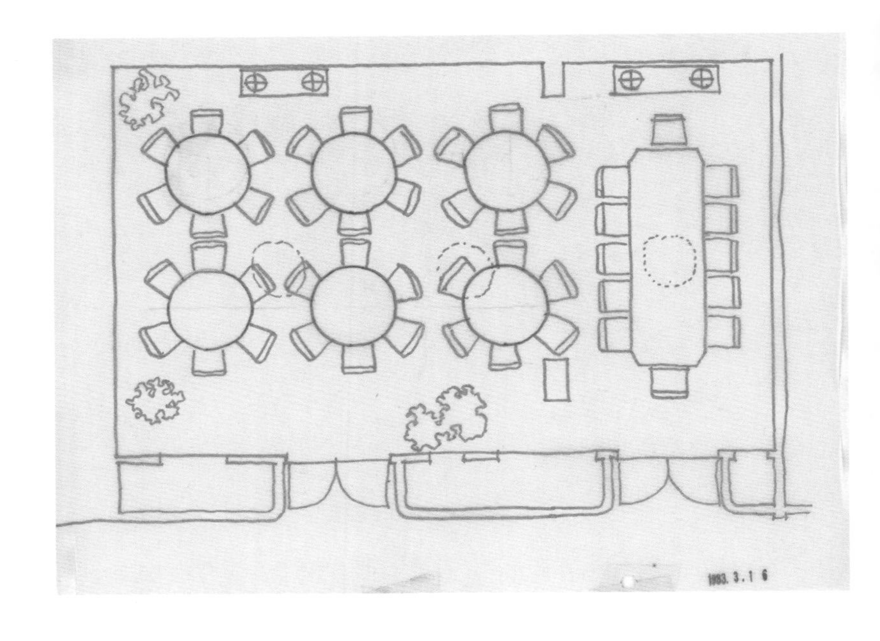
1993. 3. 1 6

82.12.17

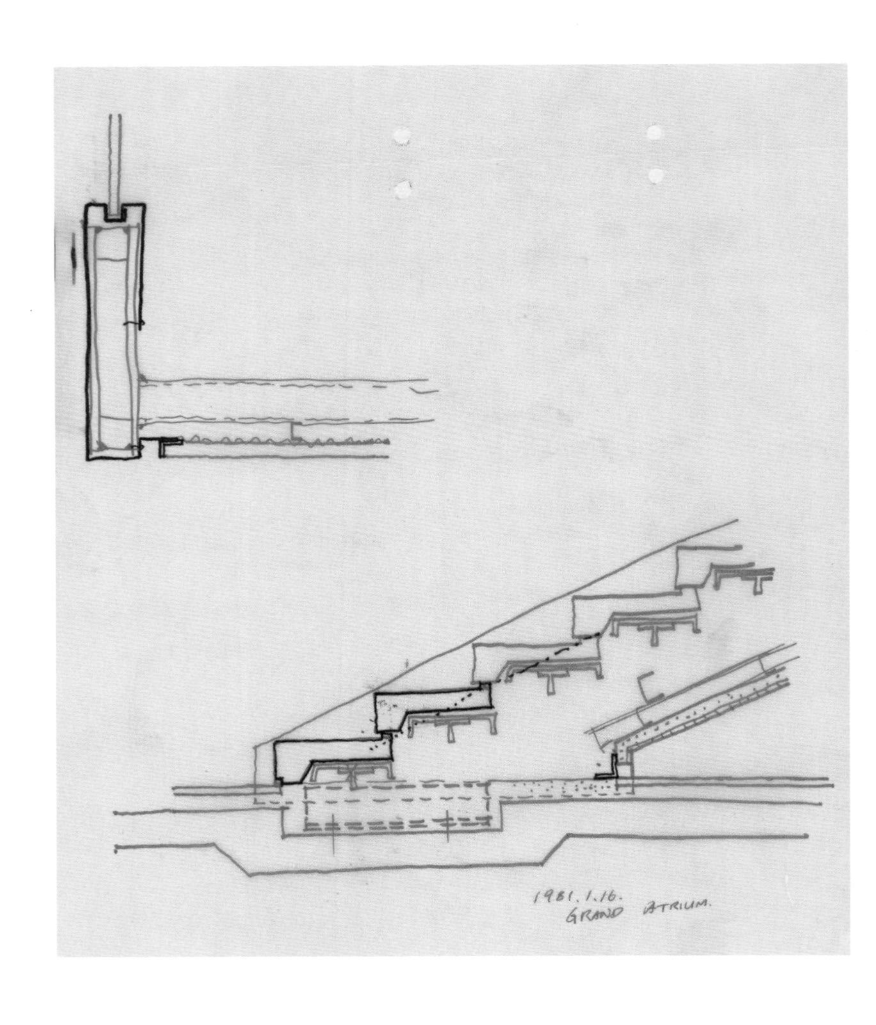
1981. 1. 16.
GRAND ATRIUM.

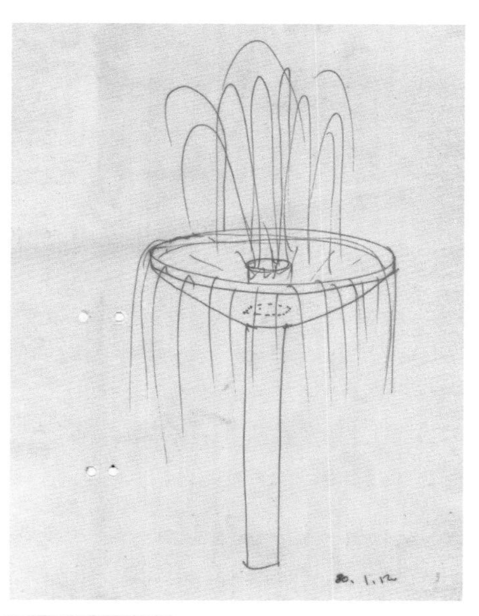

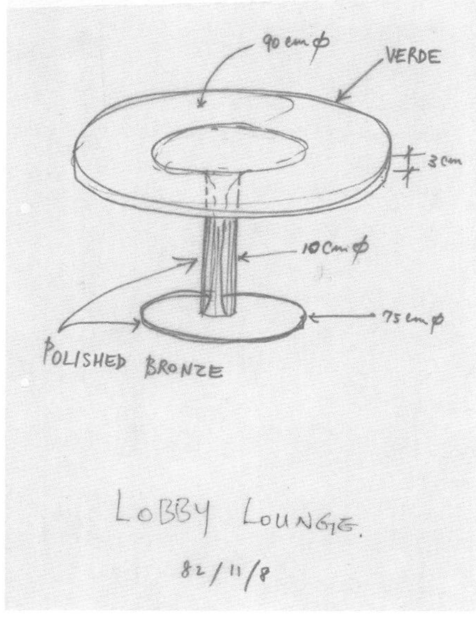

김종성 선생은
책에 실을 가치가 없는
스케치라고 했지만
거장의 스케치를 보여줄
욕심으로 실었다.

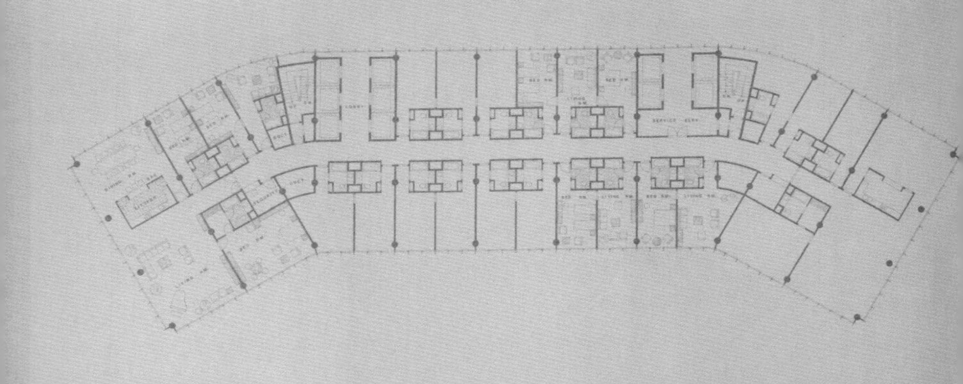

Executive Hotel Rooms Floor Plan

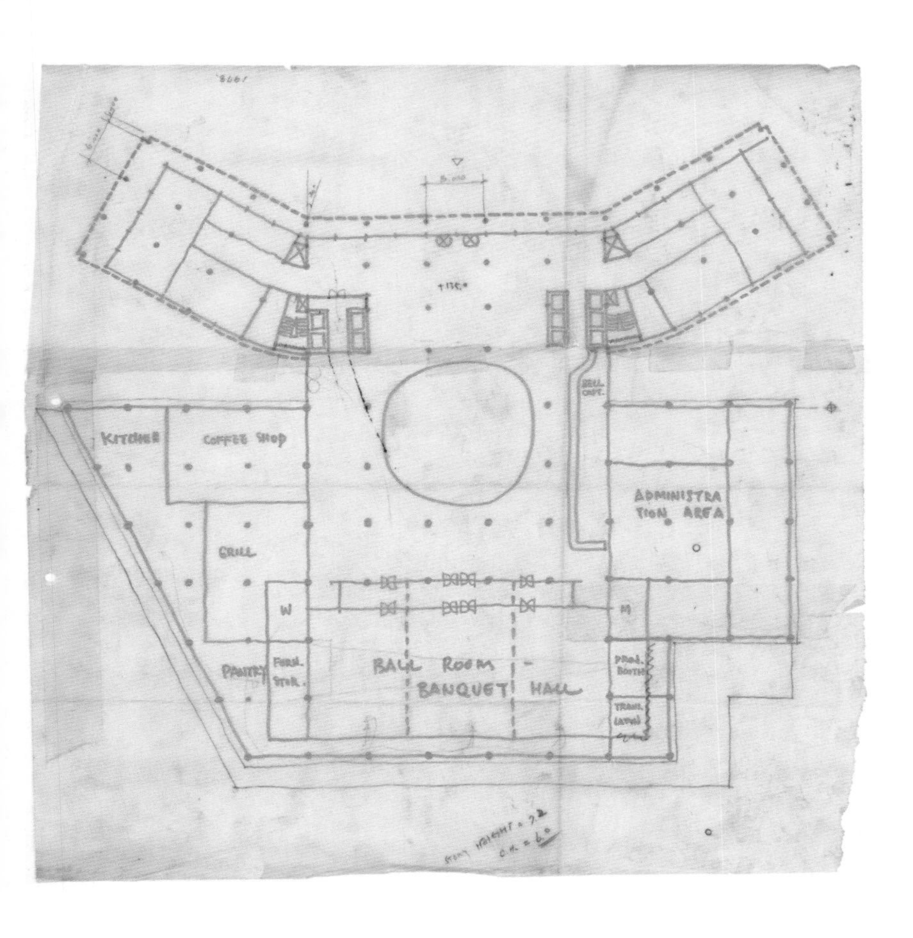
KITCHEN
COFFEE SHOP
GRILL
PANTRY
FURN. STOR.
W
BALL ROOM - BANQUET HALL
M
PROJ. BOOTH
TRANS. LATOR
BELL CAPT.
ADMINISTRA TION AREA

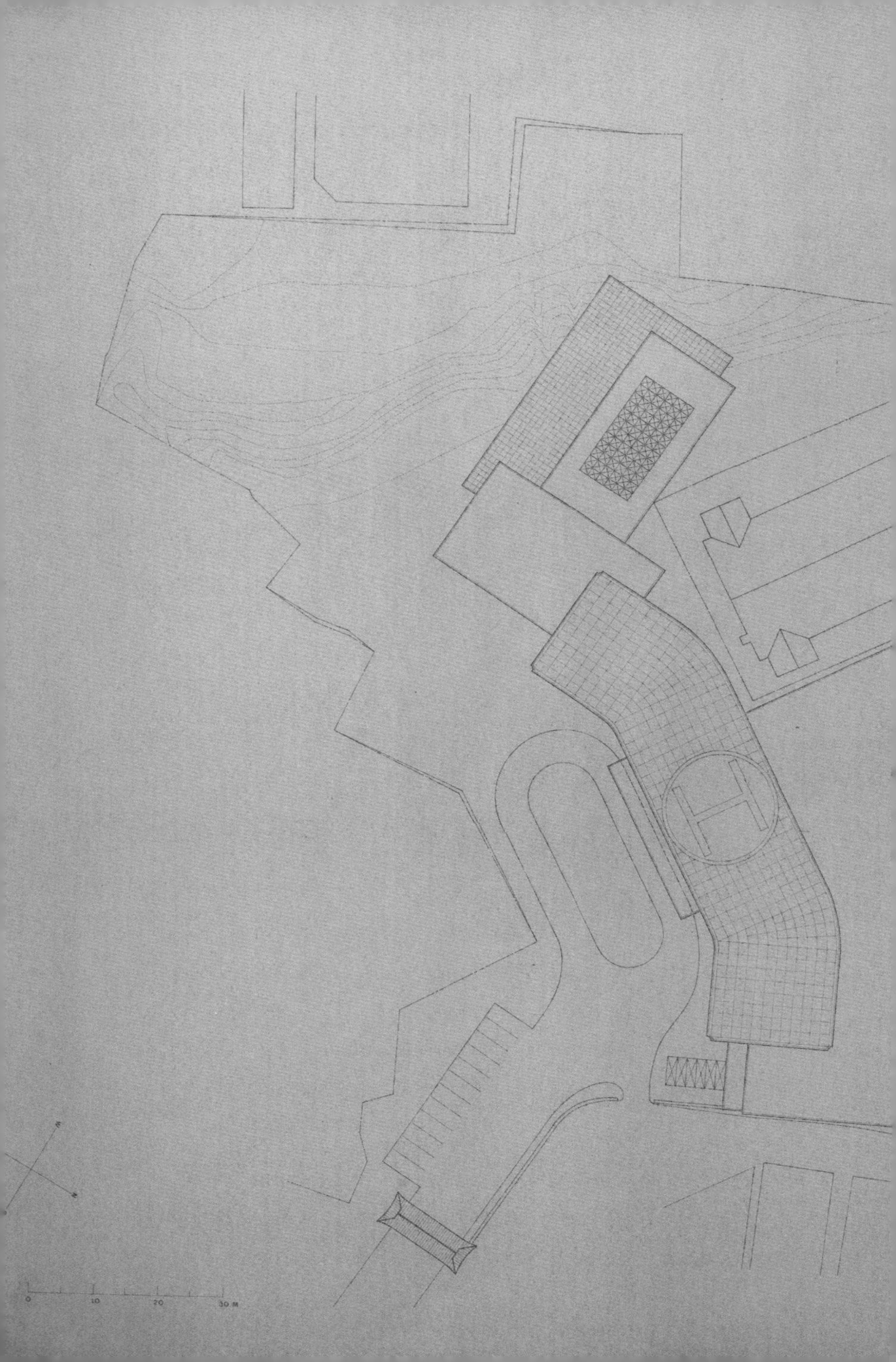
0
10
20
30 M

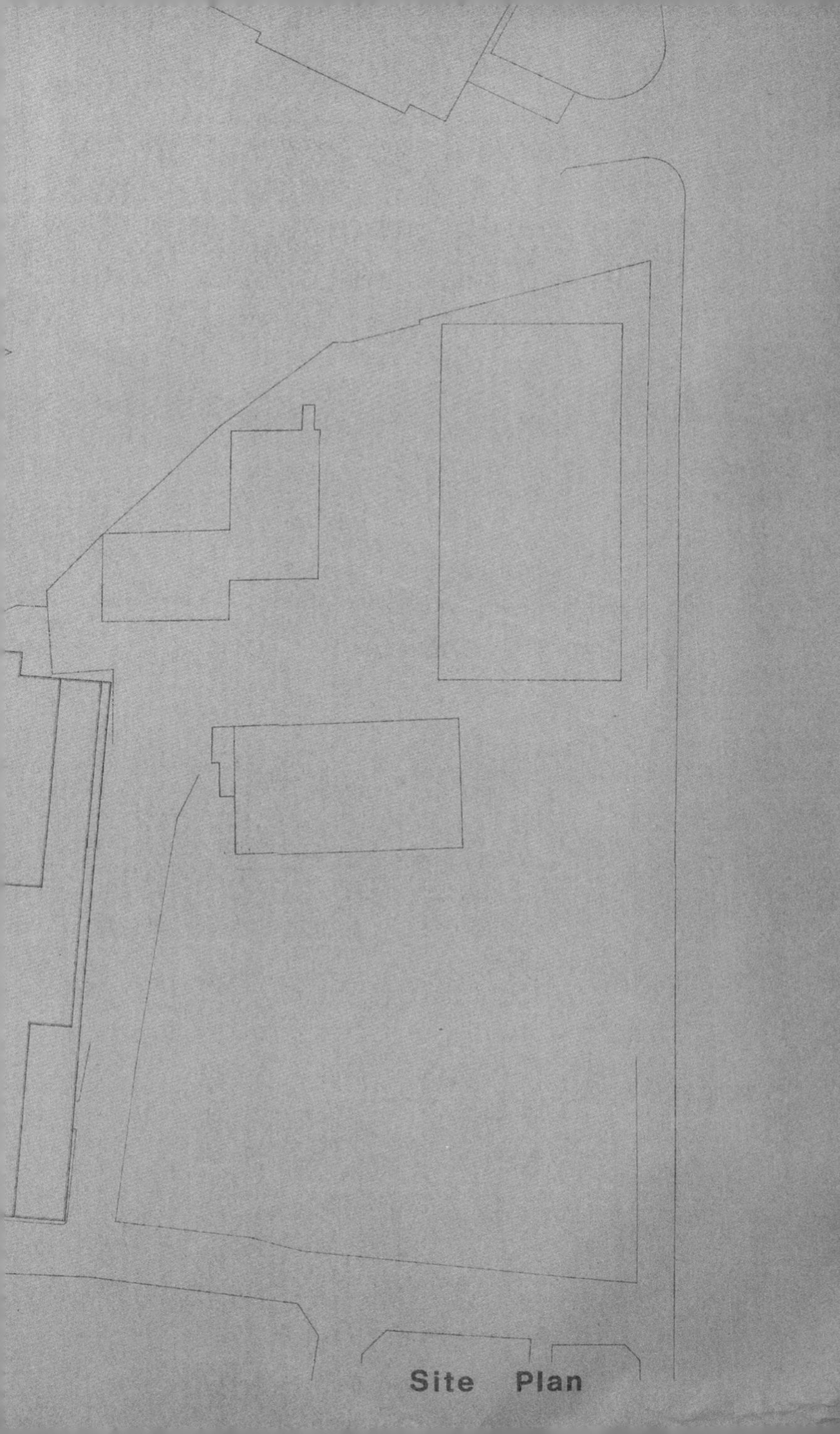

Site Plan

A 1

힐튼과 김종성

시대와 우리를 품었던 찬란한 건축의 유산

초판 1쇄 발행	2024년 7월 10일
지은이	김종성, 정성갑
펴낸곳	브.레드
책임 편집	이나래
교정·교열	오미경, 한정아
사진	김잔듸 516 Studio
사진 및 이미지 자료 제공	국립현대미술관 미술연구센터 소장, 김종성 기증 p. 18~23, p. 27~29, p. 38~39, p. 48~51, p. 112~115, p. 122~125, p. 132~133, p. 144~149, p. 317~331
디자인	성홍연
마케팅	김태정
인쇄	상지사 피앤비
출판신고	2017년 6월 8일 제2023-000083호
주소	서울시 중구 퇴계로 41길 39 703
전화	02-6242-9516
팩스	02-6280-9517
이메일	breadbook.info@gmail.com

ISBN 979-11-90920-47-6 03540